一座等了你三千年的城

丁伟 主编

植物本草篇

周海平 编著

河北出版传媒集团
河北教育出版社

图书在版编目（C I P）数据

一座等了你三千年的城．植物本草篇／丁伟主编；
周海平编著．-- 石家庄：河北教育出版社，2020.9（2023.6 重印）
ISBN 978-7-5545-5835-5

Ⅰ．①一… Ⅱ．①丁… ②周… Ⅲ．①文化名城－介
绍－邯郸②植物－介绍－邯郸 Ⅳ．① K922.23
② Q948.522.23

中国版本图书馆 CIP 数据核字（2020）第 099948 号

书　　名　**一座等了你三千年的城**——植物本草篇
主　　编　丁　伟
编　　著　周海平

出 版 人　董素山
策　　划　刘相美
责任编辑　任晓霞　姬璐璐
装帧设计　李关栋
出版发行　河北出版传媒集团
　　　　　河北教育出版社 http://www.hbep.com
　　　　　（石家庄市联盟路 705 号，050061）
印　　制　河北新华第一印刷有限责任公司
开　　本　880mm × 1230 mm　　1/32
印　　张　6.125
字　　数　102 千字
版　　次　2020 年 9 月第 1 版
印　　次　2023 年 6 月第 2 次印刷
书　　号　ISBN 978-7-5545-5835-5
定　　价　36.00 元

王维中

这是一片长满了故事的土地，这是一座等了你三千年的城。

太行山劲烈的风，华北平原酣畅的雨，烈酒浇透的汉子和踮着脚尖飞旋的舞娘是故事里幻化不完的背景。

赵瑟鸣时，英雄去也；云烟深处，城阙杳然。

那是少年秦始皇乘车别去时最后回眸的朱家巷，那是貉裘胡服的武灵王登高北望的古丛台，那是蔺相如回车的城内中街，那是李牧祭旗出征的赵王城阙。照眉池边，落红似雨；插箭岭上，晓月如霜。

风，在暮鼓晨钟里吹散了英雄的背影，却在断纸余墨里惊起满天星华。

这里是荀子故里。毛公也在此注传《诗经》。公孙龙客相府论“白马非马”，卓文君徙川蜀作《白头吟》。太白登楼而题句，乐天潜夜而思家。漳河照晚，文姬弹笳抱愤；铜雀春深，孟德横槊赋诗。对酒当歌，人生几何？让多少后人在慷慨悲歌里梦回建安。

梦回时耿耿不忘的，还有西汉“富冠海内”的都市繁华，还有被洪水深埋于地下的北宋陪都——东方的庞贝古城，以及卢生在城角旅店里的一枕黄粱。

故事是岁月的刻度。这城，一锹下去，就可能挖出一段淹没千年的故事，或温润，或悲凉。

风过，雨过，把故事传成字，在烈日下晒成一片片成语，随着滏阳河流向远方，流进千年后你的血液，化作你唇间的壮烈和笔底的闲愁。

往事越千年。悠悠古城，也曾潜光埋剑，也曾猿鹤虫沙……

直到女娲炼石补天的莽莽太行进驻了129师的九千将士，直到开国领袖毛泽东亲临视察，指引了复兴之路，才使这蔓草荒烟的古城浴火重生。

斗转星移间，一个现代化的钢都、中国国家园林城市、全国文明城市横空出世，完成了三千年后的华丽转身，再造了一个活力四射的现代都市。

历史轮回，重现的不只是繁华。比繁华更珍贵的是文脉相承的自信，比自信更珍贵的是阅尽兴衰的从容，比从容更珍贵的是周公吐哺的襟怀。呦呦鹿鸣，食野之苹。我有嘉宾，鼓瑟吹笙。

文化是精神的血脉。所有华夏子孙到此都是追本溯源。别说学步，只是甄心，抚摸灵魂深处的那个你。

蒹葭苍苍，彼黍离离。三千年，不过一壶老酒的距离。你若来，很近；不来，很长。

为了等你，她三千年名字不改。沧海桑田，她是怕你找不到回家的路，是为了你回来还能轻唤她的名字：邯郸。

神奇的中医，你从远古走来，带着祖先的智慧，带着大地的温度，绵延至今，护佑苍生。

神奇的邯郸，你是中华民族的发祥地，独特的自然条件和浓厚的历史文化，孕育了丰富的中医药资源，邯郸与中医有关，邯郸与中药有缘。

神奇的太行，你是中华民族的阶梯，从空中鸟瞰，犹如人之胸骨，护佑京畿，滋润华北。植物本草，太行所聚，承载着历史与人文，生态价值，文化价值，经济价值，价值连城，芬芳飘香，心向往之。

本书讲中医故事，传中药知识。书中撷取的内容，是余作为中医药学探索者，从历史的长河中发掘整理、提炼升华的。

邯郸，四季分明，节令动，草木从，人与自然，和谐共生，山中日月长，沃土知本性。礼赞邯郸！礼赞中医！守正创新，培根铸魂！

让我们只争朝夕，不负韶华！

目录

壹 赵韵中医

贰 古树名木

叁 邯郸十大道地药材

肆 太行瑰宝

赵韵中医

壹

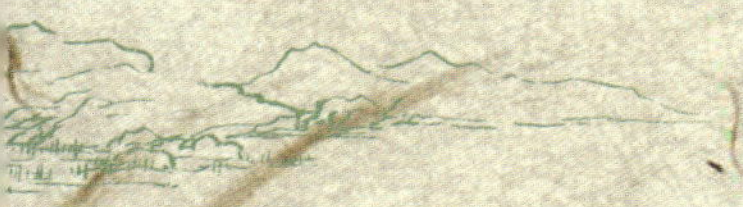

毛苌诗经 载药最早

说起中草药，人们首先会想到《本草纲目》和《神农本草经》。殊不知，记载中草药最早的书籍与诗有关，与邯郸有缘，这就是《诗经》。

《诗经》是中国最早的一部诗歌总集。收集了自西周初年至春秋中叶大约500多年间的诗歌305篇。邯郸是成语之都，《诗经》是成语之库。据统计，出自《诗经》原文和《诗经》诗句经过简化形成的成语就有150条以上。平均每两首诗就有一条成语。《诗经》留下了许多今天仍然鲜活的语言形式及其承载的文化意绪。例如，《国风·周南·关雎》的“窈窕淑女”“求之不得”“辗转反侧”，《国风·邶风·击鼓》的“执子之手，

诗经邮票

与子偕老”，《国风·王风·采葛》的“一日不见，如三秋兮”等，这在中国诗歌史上是仅有的。

《诗经》是中国现存文献中最早记载具体药物的书籍，并记载了某些品种的采集时间、性状、产地和服用季节等。

《诗经》的第一首《关雎》：

关关雎鸠，在河之洲。窈窕淑女，君子好逑。
参差荇菜，左右流之。窈窕淑女，寤寐求之。
求之不得，寤寐思服。悠哉悠哉，辗转反侧。
参差荇菜，左右采之。窈窕淑女，琴瑟友之。
参差荇菜，左右芼之。窈窕淑女，钟鼓乐之。

荇菜，有爱情的意绪。从《诗经》“参差荇菜，左右采之”到徐志摩《再别康桥》“软泥上的青荇，油油的在水底招摇，在康河的柔波里，我甘心做一条水草”为爱歌唱。荇菜（青荇）是古老的也是现代的，它们生长在远古洁净的水中，根植在从古至今的高洁爱情之中。荇菜，柔软滑嫩，自古即作为菜蔬食用，为龙胆科荇菜属的浅水性多年生水生植物，全草均可入药。含蛋白质、脂肪、维生素 B1、维生素 C、有机酸等。能清热解毒、利尿消肿等。

再举一个《诗经》里大家耳熟能详的例子：

毛官营村，毛苌的祖籍和出生地，位于鸡泽县城北

蒹　葭

蒹葭苍苍，白露为霜。所谓伊人，在水一方。
溯洄从之，道阻且长。溯游从之，宛在水中央。
蒹葭凄凄，白露未晞。所谓伊人，在水之湄。
溯洄从之，道阻且跻。溯游从之，宛在水中坻。
蒹葭采采，白露未已。所谓伊人，在水之涘。
溯洄从之，道阻且右。溯游从之，宛在水中沚。

《蒹葭》出自《国风·秦风》，诗中将心上人比喻为水中之蒹葭，蒹葭成了爱情的象征 。可是人们大概很少会注意到，蒹葭在日常生活中还是一味常用且有效的中药。蒹葭是水生植物芦苇的别称，常生长在沟渠、河堤、沼泽等湿地或浅水中，其根茎能够入药，中药名称为芦根。味甘性寒，归肺、胃二经，功擅清肺热、除胃火，有清热生津、除烦止呕、利尿等作用。

《诗经》与诺贝尔奖：

鹿　鸣

呦呦鹿鸣，食野之苹。我有嘉宾，鼓瑟吹笙。
吹笙鼓簧，承筐是将，人之好我，示我周行。
呦呦鹿鸣，食野之蒿。我有嘉宾，德音孔昭。
视民不恌，君子是则是傚。我有旨酒，嘉宾式燕以敖。
呦呦鹿鸣，食野之芩。我有嘉宾，鼓瑟鼓琴。
鼓瑟鼓琴，和乐且湛。我有旨酒，以宴乐嘉宾之心。

2015 年 10 月 5 日，中国中医科学院研究员屠呦呦，因为研究发现青蒿素而获诺贝尔奖。也许是天意，父亲给她起名“呦呦”，源自《诗经》“呦呦鹿鸣，食野之蒿”，蒿即青蒿。这个名字和这种植物，两千多年前就以奇特的方式联系在一起，为一个科学家的故事增添了几分令人遐想的空间。屠呦呦在拉斯克奖颁奖典礼上说：“在青蒿素发现的过程中，古代文献在研究的最关键时刻给予我灵感。我相信，努力开发传统医药必将给世界带来更多的治疗药物。”古代文献指的是东晋葛洪的《肘后备急方》：“青蒿一握，以水二升渍，绞取汁，尽服之。”葛洪祖籍江苏句容，但他出生在邯郸：公元280年，葛洪父亲葛悌任职肥乡县令，公元283年葛洪出生在肥乡葛蘖城（今肥乡区天台山村）。我们的老祖宗是伟大聪慧的，这就是文化自信。

《诗经》中药来源：一是来源于原著标题，《国风·周南·卷耳》篇中的"卷耳"即苍耳。《蒹葭》篇中"蒹葭"即芦苇。二是来源于原著内容，如《关雎》篇中"参差荇菜，左右流之"中的"荇菜"为龙胆科植物。《鹿鸣》中的"呦呦鹿鸣，食野之蒿"中的"蒿"即青蒿，为菊科植物。《国风·卫风·木瓜》中的"投我以木瓜，报之以琼琚。……投我以木桃，报之以琼瑶。……投我以木李，报之以琼玖……"中的"木瓜""木桃""木李"，据李时珍《本草纲目》考证是同一属的植物，期间的差异并不大。还有菟丝子、川贝母、益母草、艾、泽泻、枸杞子、远志以及车前草、木槿花等。

那《诗经》与邯郸的关联在哪呢？毛亨、毛苌所辑和注的《诗经》称为"毛诗"，在后世流传最广、影响也最大，今本《诗经》即由"毛诗"流传而来。其中毛苌为邯郸鸡泽人氏。

神医扁鹊 得名邯郸

扁鹊，原名秦越人，是春秋战国时期著名的医学家。他医术高明，经常热心地给百姓看病，赢得了百姓的崇敬。因此人们把他比作传说中黄帝时期的神医扁鹊，尊称他为“扁鹊先生”。扁鹊不但继承和发展了前人丰富的医学经验，同时又总结了民众的智慧和实践经验，对中国医学的发展做出了巨大的贡献。中医传统的诊断方法——望、闻、问、切四诊系统的奠基者便是扁鹊。他不但善于用汤药治病，同时还运用针灸、砭石、蒸熨、按摩等疗法进行综合治疗，在当时的巫医斗争中，他明确地指出“信巫不信医”是“六不治”之一，这在破除迷信和保卫医学的科学发展方面起了很大作用。

扁鹊庙，位于邢台市内丘县城西50里，鹊山坡下

扁鹊

扁鹊是中国历史上第一位有正式传记的医学家。扁鹊与邯郸、与赵国有着不解的渊源。司马迁为扁鹊作传："扁鹊者，渤海郡鄚人也（今河北任丘）。……姓秦氏，名越人……为医或在齐，或在赵，在赵者名扁鹊。"也就是说扁鹊之名，称之于赵国邯郸。秦越人在赵国行医时，才被称为"扁鹊"。

"扁鹊"为秦越人在赵国行医时的绰号。《禽经》云："灵鹊兆喜，赵人以鸟为图腾，尊鸟而爱鹊。"中国国家博物馆（东）汉代画像石上，就雕刻了扁鹊行医的半人半鸟的形象。秦越人所到之处，治病救人，使人逢凶化吉，就像飞来飞去报喜的灵鹊一样。故赵国人称为"扁鹊"。

扁鹊与赵国的奠基者赵简子关系很好。"简子疾，五日不知人，大夫皆惧，于是召扁鹊，扁鹊入视病……不出三日必愈……"故司马迁高度赞扬扁鹊："至今天下言脉者，由扁鹊也。"为答谢扁鹊，赵简子便将赵国内丘蓬山 4 万亩土地赐封于扁鹊。即今天的内丘县鹊山，那里有扁鹊庙。《顺德府志》记载，"鹊山庙者，祀扁鹊也"。

礼贤台，位于魏县县城

扁鹊针灸行医图

《史记·赵世家》云，赵氏的先人中衍氏，“人面鸟噣，降佐殷帝大戊”。《史记·秦本纪》云，中衍氏，“鸟身人言”。赵人联想到秦越人象祖先神灵的化身，尊称其为扁鹊，而后这一称号便传遍天下。“扁鹊名闻天下，过邯郸，闻贵妇人，即为带下医；过洛阳，闻周人爱老人，即为耳目痹医；来入咸阳，闻秦人爱小儿，即为小儿医。随俗为变。”

扁鹊与魏文侯也有渊源，魏文侯在魏国别都修筑礼贤台。魏文侯在礼贤台上问扁鹊：“子昆弟三人其孰最善为医？”扁鹊曰：“长兄最善，中兄次之，扁鹊最为下。”魏文侯曰：“可得闻邪？”扁鹊曰：“长兄于病视神，未有形而除之，故名不出于家。中兄治病，其在毫毛，故名不出于闾。若扁鹊者，镵血脉，投毒药，副肌肤，闲而名出闻于诸侯。”

扁鹊还是中国第一位全科医生，是医学的开

宗祖师。日本医界对其著作《难经》有多家注述，美国把扁鹊写入外科的教科书，阿拉伯医圣阿维森纳的医典中收载了《难经》中有关脉学的论述。中国国家邮政局于 2002 年发行的《中国古代科学家（第四组）》特种邮票，扁鹊位列第一。由扁鹊而出的成语有：起死回生、妙手回春、悬壶济世、讳疾忌医、见微知著、防微杜渐，等等。

虎守杏林 源自邱县

孙思邈，唐代医学家，生于京兆华原（今陕西铜川市耀州区）。据考证，孙思邈在邯郸医迹明确，在邯郸医事活动地点、时间翔实，封号碑刻有证，行医路线图清晰显现。

孙思邈与印度名医韦讯（道号慈藏）是好朋友，任应秋《通俗中国医学史话》称：“唐开元二十五年（737 年），印度的名医韦讯来中国长安行医，声望很好……”孙思邈与韦慈藏二人从山西五台山来到涉县、磁县、峰峰、武安一带，先后活动于涉县城（药王庙）、涉县固新镇（药王殿）、磁县陶泉乡（索庄云摩寨药王庙）、武安市冶陶镇（药王山药王庙）、峰峰矿区王看镇（西王看村西山上建于公元前 1000 年左右周昭王时期

杏林寺，位于邱县香城固镇东关村东

孙思邈

的“孤峰胜景”中的药王庙，原属磁县）、磁县城（府君庙药王殿）、马头镇（高庙药王庙）、成安县城（药王殿）、永年区广府镇永北村（药王庙）、鸡泽县双塔镇“三陵村”（医圣祠），一路治病、防疫、传医、救世，后到达当时的中药材集散地——香城（固）。孙思邈见这里药材市场繁盛，香城清凉江环境优美，交通四通八达，于是住了下来，研究中药材、行医看病六七年。

香城固杏林寺

杏林寺位于今邯郸市邱县香城固镇东关村东，是一座以医治疾病而闻名的寺院。据碑文记载，该寺始命名于唐高宗永淳元年（682 年），宋、元、明、清历代均曾重修。1994 年 9 月 2 日，杏林寺遗址被列为第三批县级重点文物保护单位。2012 年 8 月 14 日，杏林寺遗址被列为邯郸市市级文物

杏林寺药王殿（2006年）

保护单位。

杏林寺内立有自唐代以来历代碑刻和明嘉靖年间铸造高 4 尺、约 1 吨重的铁钟一口。

传说唐代药王孙思邈曾来此地。寺内历代住持僧均有高超的医道，并常常治病救人，贫苦人家付不出医药费，可在寺旁植杏树一棵，日积月累，寺周形成了上百亩的杏林。唐皇闻奏，钦赐“杏林寺”。每年农历四月初八和十二月初八庙会，方圆百里的善男信女，求药治病、敬神保佑，富商巨贾做买做卖，观光旅游，人流如潮。特别是医药市场更为繁荣，形成了自安国以南的第二大药都。

不幸的是，杏林寺毁于 20 世纪 40 年代，不过殿堂基础仍可辨析，仅存的一通明嘉靖年间重修杏林寺记碑保存尚称完好。1998 年 5 月 3 日，药王殿重修开光盛典，群儒会集，各赋诗挥毫志庆，景况喜人。2007 年 6 月，重修大雄宝殿 3 间，共投资 85000 元。《邱县旧志校注》收录明嘉靖三十六年（1557 年）五月十三日《杏林寺碑记》及拓片。旧《曲周县志》《广平府志》均载杏林堂（寺）。

杏林寺碑刻

杏林寺书法

“虎守杏林”典故

相传，很早以前在邛县香城固东关外道北，有片两顷大的茂密杏林。每到春天，杏花竞放，芳香四溢，林内百鸟喧闹争鸣。夏日，杏子挂满枝头，一片金黄，浓郁的果香阵阵袭来，沁人心脾。林中有一座坐北朝南、红砖碧瓦的美丽殿堂，朝南的红漆大门门楣上横写着“杏林寺”三个大字。门前约两丈多远，有一尊八尺多高、三尺多宽的石碑矗立在那里。碑的上方，横刻着“虎守杏林”四个夺目大字，碑的下方记载着“虎守杏林”的缘由。当时，过往的行人无不被那幽深的杏林、美丽的殿堂、神奇的碑文所吸引。

碑上所载的“虎守杏林”是这样一个故事：据说，华原隐士孙思邈，隋文帝时召为国子博士，唐太宗时封至京师，均以“年已老，官之不受”隐于山林，百余高寿而卒。著有《备急千金要方》和《千金翼方》等著作。一生善于周游行医，为穷苦百姓治病。

有一年，孙思邈云游到邛县香城固（过去属曲周县）行医，寄宿在东关外杏林寺内。四面八方前来求医的人天天不绝。孙思邈给病人医好病之后，概不收费，只要求他们每人为杏林栽三棵杏树。这样，杏林就逐年扩大了。

有一天，孙思邈到杏林深处去拣些落地杏子，为药引之用。由于这天看的病人过多，感觉很是困乏，就坐着药箱倚着杏树睡着了。一觉醒来，见一只老虎跪在脚前，张着嘴，伸着舌，像是对他有所乞求的样子。孙思邈就说："你是想让我给你看病吗？"老虎点了点头。孙思邈仔细看了看老虎的舌头之后，便打开药箱，把些药面儿粘滚在杏子上，塞进老虎嘴里。老虎吃了药，几天后病就好了。从此，年年到杏子将成熟的时节，这只老虎就到杏林寺为寺主看守杏林。"虎守杏林"的故事，也就流传到了今天。

馆陶铁佛 彭祖彭艾

馆陶县有个铁佛堡村，铁佛堡原名“铁佛寺”，因村里寺庙铸有一尊大铁佛而得名。

此铁佛与我国养生始祖——彭祖有关。彭祖，姓篯，名铿，是陆终氏之子。舜时受封于大彭，寿800余岁，后人称“彭祖”，善于“导引、养生、烹饪”。

相传，当年尧帝带领百姓治水十分辛苦，积劳成疾，一连几天水米未进。彭祖下厨做了一道野鸡汤，尧帝饮后不久便容光焕发，此后很少生病。

彼时，浑浊的黄河水在馆陶境内奔流不息，晚年为实现观看“黄河八百年一澄清”奇景夙愿

铁佛堡村，位于馆陶县路桥乡，

中医养生小镇

的彭祖，四处游历，不远千里回到曾跟随尧帝一起生活过的古陶丘，在今铁佛堡村一带居住下来。

后来，彭祖发明了“用艾四法”。一用艾草治病。通过熬汤、泡脚、洗澡、熏蒸、艾灸等，利用艾草的回阳、理气血、逐湿寒、止血安胎之功，治疗湿疹、面瘫、不孕症等，并且发现脐灸还可延年益寿。二用艾草配食。制作成艾叶茶、艾叶汤、艾叶粥、艾蒿馍、艾蒿肉丸等，长期食用可强身健体。三用艾草杀菌。艾秆枯后的株体泡水熏蒸以达消毒止痒之效。四用艾草辟邪。端午节时，他教人们以菖蒲、艾条插于门楣，悬于堂中以防蚊虫，用菖蒲、艾叶、蒜头制成人形或虎形，称为艾人、艾虎，或制成花环、佩饰，用以辟邪驱鬼。

彭祖离世后葬在今馆陶一带确有史籍依据。北宋政和年间成书，欧阳忞编写的《舆地广记》：“彭祖自唐历夏殷，封于大彭，号彭川。周末浮游四方，入蜀有宅在象耳山下，一名彭龄令，字幼朔，曾寓蜀、游楚、居涿，终于武阳郡彭祖店村，村即以此得名。”其中“武阳郡”，隋代改魏州置，当时辖境包括馆陶县彭祖店村。

为纪念彭祖，百姓筹建了一座寺庙，并铸了一尊大铁佛，世代烧香叩拜，祈求彭祖佑护祛邪灾。

彭祖养生的理念世代相传，人们为了纪念彭祖用艾草祛除百病，把馆陶一带土生土长的艾草命名为“彭艾”。

彭祖墓，位于山东省临清市

馆陶及中原地区种植艾草历史悠久，汉朝就有种植艾草的记载，已有2000多年的历史。《诗经》云：“彼采艾兮，一日不见，如三岁兮。”孟子云：“犹七年之病，求三年之艾也。”七年之病，应该说是很顽固了，然而三年以上的艾却能治愈它，人们寄予艾很大的希望。

南朝梁宗懔的《荆楚岁时记》是记录古代节令风物故事的专集。其中就有“五月五日，鸡未鸣时，采艾……灸病甚验”。江南农村清明前后常采其嫩叶和青蒿叶一起制成糕团，有特殊的清香味。民谚说：“清明插柳，端午插艾。”每至端午节，人们都把插艾叶和菖蒲作为重要内容。家家都洒扫庭除，以菖蒲、艾条插于门楣，悬于堂中以防蚊虫，辟邪驱鬼。唐代孙思邈常用艾叶温灸足三里，活141岁。《旧唐书》说柳公度80岁时，步履轻便，常用艾灸气海，保气海常温，防病延年。《黄帝内经》云：“针之不为，灸之所宜。”

据清光绪《馆陶县乡土志》载，“彭祖墓在城东三十里彭祖店村”。民国二十五年《馆陶县志》还有彭祖墓照片一幅，并载文说：“彭祖墓，在县治东北三十里彭祖店村西南，高六七尺，占地二丈余。”民国二十五年时馆陶县治即今山东省冠县北馆陶镇。

中华人民共和国成立后，由于行政区划变更，卫河东部原馆陶县辖区划归山东省冠县和临清市，卫河西部原馆陶县辖区仍名馆陶县，属河北省。区域变动后，原“彭祖店村”旁的彭祖墓在今临清市境内。经考察，证实为龙山文化遗址。

肥乡窦默 元代针家

针灸医学是中医的发展源流。2010 年，中医针灸被列入《人类非物质文化遗产代表作名录》，成为世界医学的重要组成部分。在中医针灸史上，有一位非常重要的邯郸籍的针灸学家——窦默，即窦汉卿。

窦汉卿的针灸名篇《标幽赋》开篇词云：

拯救之法，妙用者针。
察岁时于天道，定形气于予心。
春夏瘦而刺浅，秋冬肥而刺深。
不穷经络阴阳，多逢刺禁；
既论脏腑虚实，须向经寻。

窦默墓，位于肥乡区城西村西南

窦默

《标幽赋》的文学价值与医学价值都很高，是针坛文献的奇葩。《标幽赋》的作者窦默，字汉卿，广平郡肥乡（今邯郸市肥乡区城关镇城西村）人。他所处时代，正值女真族趋于衰落，蒙古族崛起北方，纵横驰骋，进而建立元朝的交替时期。窦汉卿是金元时期著名的针灸医家、政治家、文学家。窦汉卿虽熟谙医道，却是以儒为业。故而其文字甚为精妙，并且对文体研究越深，他越知晓以排列整齐、优美流畅的赋文来表述单调、繁杂、枯燥的医学内容有很突出的效果。

窦汉卿是元代名臣，更是元代名医。

汉有张仲景任长沙太守，坐堂行医；元有窦汉卿在他的宅第设立燕山活济堂，诊疗疾病。

《肥乡县志》载，窦默（1195—1280），字子声、汉卿，初名杰，肥乡城西村人，元医学家。金末，避兵乱逃至河南，习医学，拜名医李洁学铜人针法。又南走德安（今湖北安陆），读宋人理学著作。后北归至大名，与姚枢、许衡等讲究理学。之后，又还肥乡，以经术教授生徒。元世祖忽必烈在行宫中召见窦默，问治国之道，窦默推荐姚枢，即被召用之。又命皇子真金从窦默学。忽必烈称帝后，召窦默为翰林侍讲学士，晚年加昭文馆大学士。

窦默为人乐“易”，从不评品人物，当议论国家大事时，面折廷诤，人称“汲黯”。元世祖忽必烈常说：“朕求贤三十年，惟得窦汉卿及李俊民二人。”卒后封魏国公，谥“文正”，并在窦默的故里村西南修墓建碑。今封土已平，仅存墓碑一通，属河北省重点文物保护单位。

窦汉卿的医学著作主要是《针经指南》，其思想精髓又主要体现在该著作《标幽赋》和《流注通玄指要赋》两篇赋文之中。赋文结合自己的临床经验对《黄帝内经》和《难经》以来的针灸理论，进行了总结，并有所创新，对后世影响很大。在现今的医学教育中仍为中医学院(校)教学内容。

《标幽赋》根据经络系统辨证论治原则取穴，常选取膝以下的井、荥、俞、经、合穴及有特殊疗效的腧穴。并以《素问·至真要大论》病机十九条为依据，分类阐述，指出疾病关键所在，以为临证施治之法则。《标幽赋》是以歌赋体裁，将针灸与经络、脏腑、气血等的关系，取穴宜忌，补泻手法等，予以综合阐述，通俗易懂，便于习诵，成为针灸学的纲领。

武安药商 祁州立帮

中药作为商品在市场上交换，已有几千年的历史了。在中药生产经营的历史长河中，武安药商驰骋关内外，独树一帜，影响甚远。明嘉靖《彰德府志》有“武安最多商贾，厢房村墟罔不居货”的记载。

据《武安县志》（1990年版）载，武安县药材资源丰富，有640余种。农民采卖野生药材积极性高，山区尤甚，出现“上山带根绳，下山背一捆”“油盐酱醋进商店，不用钱买用药换”的现象。1956年，柴胡收购达18.7万公斤；1961年，

武安帮碑记，位于安国市药王庙

花粉收购量为 1.5 万公斤；1987 年，酸枣核收购量为 10 万公斤。

武安县内的中医大都能炮制些中成药。新中国成立前，南沟村李庚申配制的“黑神散”，治妇科病有神效。武安籍人侯佐廷，在天津研制的“一二三痁疾丸”，畅销东北诸省。新中国成立后，程少卿（伯延人）在北京研制的“牛黄清毒丸”“小儿疳积散”“定喘丸”，在 20 世纪 60 年代行销全国。太和医室四代传人姚树锦研制的“胆胃通降片”“固本咳喘丸”“健身先天宝胶囊”，行销国内外。

乾隆年间，武安县药商兴起，时有龙泉村武姓在奉天（沈阳）经营药材，此为武安人在关外经商之始。其后伯延房氏、徐氏、大洺远尹氏等相继崛起，药商逐渐遍布东北诸省，门店达 1500 余家，人员 20000 余。在此先后，又有河南帮、

伯延，历史古镇，位于武安市境东南部，是民居四合院的北方范本，建筑精美，文化厚重。

河北帮、山东帮、苏皖帮、热察绥帮、山陕甘帮形成，大部以药材为主，兼营丝绸诸货，颇为兴隆。诸帮鼎盛时，店铺达1950家，从业人数25000人，垄断北方诸省之药店，乃至青海、宁夏等。

清咸丰十一年（1861年），彰德武安帮在祁州（今安国市）药王庙成立，推举荣丰泰等42人为会首。清同治四年（1865年）的《河南彰德府武安县合帮新立碑记》记载："凡客商载药来售者，各分以省，省自为帮。各省共得十三帮。而河南彰德府之武安帮独阙。"咸丰辛酉冬，李公久青，其同行之孔公广能、胡公连元、梁公玉堂倡议兴立。又有同籍药行数家亦乐为之……怂恿之。一时义举，乐输者三百余家，则皆由于李公等一言之倡也。自辛酉迄癸亥共捐资若干，复得彰德帮解囊相助，共成义举，于是张灯悬彩，演剧酬神，自是武安帮遂因以成立。

也就是说，在咸丰辛酉年冬天，原属河南省彰德府的武安县（1952年划归河北省），约有300多商户组成的"武安帮"宣告成立。由此可见武安药业的兴盛状况。据记载，每年祁州大会之会首，武安梁双兴（沿平村）乃占一席，颇为同行所敬重。这是武安商人称作"武安帮"的开始。

而"武安帮"之精锐即出自伯延，尤其以房姓为最。民国时期的房锦云经商致富后，曾在镇内建尚德小学，后又将孙中山创办的中国大学的第一宿舍修葺一新。因房家捐巨资助教，教育泰斗蔡元培亲书“育我菁莪”匾额，派专人送至伯延房家，悬于房家门楣。1961 年 5 月，周恩来到伯延视察时，还询问房家情况，并对在场人员说：“房家是开明绅士，曾为国家出过力。”

药王文化 邯郸名片

邯郸庙宇众多，尤其是药王庙，可谓一道独特的风景。经考查，全市药王庙达百余处之多，其中，列入邯郸市、县文物保护古建筑目录的有21处。这些药王庙祭祀着扁鹊、华佗、孙思邈、张仲景、李时珍、皇甫谧、王叔和、窦默、张森、邳彤、李良、岐伯、神农、黄帝、二祖等20余名古代药王医圣，在其中还发现了《备急千金要方》等医著多部、古医方集若干、石刻药方与养生牌匾多处。从公元前1000年的周昭王到2019年长达3000多年的历史长河里，历朝历代都有新建、重建、扩建，修建药王庙无计其数。这些古代名医影响久远深刻，医技医德感人肺腑，封号尊称动人心弦，祭日庙会游人如织，故事传承延续不断。

峰峰矿区王看村药王庙

涉县北郭口村药王庙

既有传统中医的尊师拜祖，又有广大民众的祭祀祈求，也有历代帝王的宣示推崇，还有社会、名流的心理需要，不一而足。人们对药王医圣的崇拜、纪念、祈求，从没有停止过。经过漫长的历史积淀，形成了邯郸独特的“药王文化”。

邯郸药王庙有以下几个特点：

一是药王庙建筑多在郊外、山上等风景秀丽的地方。

二是药王庙大多与佛爷庙、奶奶庙、关帝庙等建在一起。

三是不少药王庙有古代名医的医疗“方剂”“签谱”，懂中医的人坐堂，患者可以领到名医对症治疗的“方剂”和使用方法。比如，磁县陶泉乡炉峰山下药王庙里的“孙思邈药方”、涉县寨上村药王庙里的“签谱”都是唐朝孙思邈治病救灾时，抄与当地传承下来的，一直为百姓服务。

四是邯郸不少药王庙里设有“心疗”“养生”等疗法，使人们心情愉悦、身心健康。

五是邯郸药王庙里大多祭祀的是特定药王，有具体的药王姓名和行医救世的时间、中药、方法和效果，确有其人其事，真实亲切。

六是药王庙遍及邯郸大地，特别是西部山区的很多乡村都有，武安几乎是村村都有不少单设的药王庙、药王殿、杏林寺，但大多是设在其他庙殿的药王殿、药王像、药王牌位，或请到百姓

磁县云摩寨远眺图

云摩寨药王庙：孙思邈及韦慈藏

药王庙碑记

家里的药王像、药王牌位，也有居其他庙殿的药王像。

（一）涉县北郭口村药王庙。该药王庙位于涉县龙虎乡北郭口村内大水池北 6 米处院内，村民为纪念李时珍、华佗“救死扶伤，治病救人”而建。

此庙始建于明嘉靖四十四年（1565 年），坐北朝南，单檐悬山布瓦顶式建筑，木结构，面阔三间，进深二间，五架梁前出单步梁，前金柱施石柱，殿内墙壁及木构件均施彩绘，台基为条石砌筑。此药王庙为典型的明代建筑，保存完整。

（二）磁县云摩寨孙思邈药王庙。该药王庙位于磁县陶泉乡索庄村山顶上的云摩寨，建于元代，供奉着我国唐代药王孙思邈及韦慈藏（印度）。

石刻碑记，孙思邈接受唐太宗李世民封号后，便游医四方，当走到陶泉一带，突遇当地正患瘟疫，便和义弟韦慈藏（疏勒国人，曾治好孙思邈母亲的病，于是结为义弟兄，一起四方游医治病）施医救人，普济一方，当地民众感恩谢德，在云摩寨上修建药王庙纪念孙思邈和韦慈藏。

云摩寨为市级文物保护单位，门两旁有孔令德撰、张逢德书写的楹联："云摩九霄峰青楼碧，寨古千载唐迹元城。"

寨墙上有太行山人书写的："云摩寨"三个大字。另有"灵册普济传千载，妙药广治药万人"等诗句颂词。

…………

邯郸药王庙殿堂众多，内涵丰富，尊医爱药，来自民间，源自人们心灵的敬畏，源自人们对医药的信仰。

药王文化，实乃邯郸一张独特的名片！

古树名木

贰

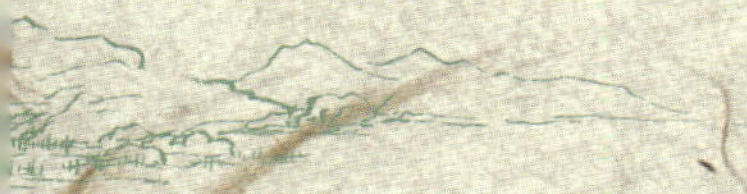

槐

从台，也称赵武灵王丛台，是邯郸地标性古迹，在2000多年前的《前汉书》里就有记载，据记载，它是由许多台子连接垒列而成，故名丛台。原在邯郸旧城的东北角，现位于邯郸市中心。邯郸城市原点即位于丛台脚下。丛台是邯郸在赵国时期留下的珍贵历史遗迹。丛台上有一棵老槐树。据说是明朝嘉靖年间兵刑两部尚书邯郸人张国彦亲手所植，至今已有近500年历史。老槐树像一位慈爱的老人，虽然树干有中空，由砖和水泥填充，但依然腰板挺直，青葱旺盛，华盖如荫，守望着丛台，守望着她的子孙。

出丛台公园南门，人民路西行至串城街、邯

丛台上的老槐树

郸书院内各有一棵繁茂的槐树。从城内中街（古称邯郸道）南行至和平路两边，槐树茂盛，街上行人摩肩接踵，有商贾邯郸之象。

邯郸槐树众多，更有涉县固新之天下第一槐，还有大名府之千年大槐树。

涉县天下第一槐位于涉县固新镇固新村涉林路旁。相传此槐树“植于秦汉，盛于唐宋”。据植物保护专家鉴定，此槐树树龄至少在 2000 年以上。古槐高 29 米，胸围 17 米。冠幅 17.7×19.1 米。据嘉庆四年（1799 年）《涉县志》记载：“树大十数围，枝叶挟疏，状类虬龙。”另据该村《古槐碑记》记载:“中州胜地古槐者源溯沙侯国(即涉县)属地也，周十数围，高入云霄，世人罕见。乃中华灵秀之种，民族之骄也。”民间有“明末灾荒，古槐开仓，以槐豆树叶拯救饥民，昼采夜长，茂然不败”的传说，当时古槐已“枝繁叶茂，延伸四方，覆盖数亩”。经 2000 年风雨的古槐现在仍然年年发芽吐绿、开花结果，令人称奇。

相传，早年间有一位盲人路过此地，在树下休息，想测量其粗度。于是便将拐杖靠于树旁作为标记，环绕树干搂抱，搂了 9 次还未摸到拐杖，便坐下休息，就在他依树而坐时，刚好摸到拐杖，故有“固新老槐树，九搂一屁股”之说。时间一点点流逝，古槐也逐渐衰老，原有树冠主枝均已枯朽，但萌生的新枝年年花繁叶茂，展示着其顽强的生命力。为拯救古槐，改善其生存条件，2000年，涉县筹资300万元，兴建了“古槐公园”，对古槐加以保护。著名书法家海冰岩亲笔为古槐题词“天下第一槐”。

槐树是汉族的原始民间信仰，我们从山西洪洞老槐树下走来，槐树是我们的家乡树，是人们的念想。

大名府千年大槐树位于大名县古城内西街，树高12.5米，胸围3.6米，冠幅15×15.6米。该树为宋代遗物，距今已经有1000多年的历史。原种植于明代兵工两部尚书刘遵宪门前。明代刘姓族人购置地基后搬迁至此，当时有古槐三棵，现仅存一棵。古槐历经风雨沧桑，现仍枝繁叶茂。尤为独特之处是该树有一主枝向上犹如龙头，东部有一主枝伏地，蜿蜒向东延伸，恰似龙尾，全树像一条伏卧欲飞的巨龙，故有“卧龙槐”之称。

游客多慕名而来，叹为观止，该古槐被誉为“冀南第一古槐”，1983年又被大名县人民政府定为县级重点文物保护单位。

槐树为豆科，落叶乔木，高15~25米。树皮灰黑色，具纵裂纹。当年生枝绿色，无毛。羽状复叶长15~25厘米；叶轴初被疏柔毛，旋即脱净；叶柄基部膨大，包裹着芽；托叶形状多变，早落；小叶4~7对，对生或近互生，卵状披针形或卵状长圆形，长2.5~6厘米，宽1.5~3厘米，先端渐尖，

涉县天下第一槐

大名府千年大槐树

具小尖头，基部宽楔形或近圆形，稍偏斜，下面灰白色，初被疏短柔毛，旋变无毛；小托叶 2 枚，钻状。圆锥花序顶生，常呈金字塔形，长达 30 厘米；花萼浅钟状，长约 4 毫米，萼齿 5，近等大，圆形或钝三角形，被灰白色短柔毛，萼管近无毛；花冠白色或淡黄色，旗瓣近圆形，长和宽约 11 毫米，具短柄，有紫色脉纹，先端微缺，基部浅心形。荚果串珠状，长 2.5~5 厘米或稍长，径约 10 毫米，种子间缢缩不明显，种子排列较紧密，具肉质果皮，成熟后不开裂，具种子 1~6 粒；种子卵球形，淡黄绿色，干后黑褐色。花期 7~8 月，果期 8~10 月。

槐树树冠优美，花芳香，是行道树和优良的蜜源植物；花和荚果入药，有清凉收敛、止血降压作用；叶和根皮有清热解毒作用，可治疗疮毒；其材质坚硬、有弹性、纹理直、易加工、耐腐蚀，可制作家具，木材供建筑用；花蕾可作染料，种子可作饲料等。

在古人看来槐树不仅神奇异常，而且有助于怀念故人，还可决断诉讼，是公卿的象征。周代朝廷种三槐九棘，公卿大夫分坐其下，面对着三槐者为三公座位。后世在门前、院中栽植有祈望子孙位列三公之意。民间有“门前一棵槐，财源滚滚来”的民谣，有祈望生财致富之意。

“槐树槐，槐树槐，槐树底下搭戏台，人家的闺女都来了，俺的闺女咋不来……”槐树为仙树，槐花仙子总是借槐花的袅袅香气走出南天门，洞察人间的凡事。槐树底下搭台唱戏，有迎接仙女下凡之说。

槐树初夏花盛开，花呈淡黄色。科举时代，常在农历六月槐花开时忙着准备考试，故有“槐花黄，举子忙”的说法。诗词中以槐花季节代表初夏，如明代陈于朝的《如梦令·夏》：“篁里时禽两两，槐阴摇翠生香。荷叶倒催凉，琴与风声乱响。”

核桃

邯郸是核桃的原产地之一 。核桃又称胡桃。在 1972 年发现的磁山文化遗址灰坑中，有两座坑底部有树籽堆积层，可认的有小叶朴和胡桃等。磁山遗址胡桃的出土，证实邯郸 7000 多年前就曾种植胡桃树。

传说，核桃和蟠桃一样，是西王母的圣果，又称长寿果。一般的凡人根本看不到、摸不着。后来，西王母追随玉皇大帝来到太行山，随身把核桃和蟠桃也带了来。

核桃不但是果品，还是药材，可“治痰气喘嗽、醋心及疠风诸病”，古人常常以之下酒，今人则配成各式料理，成为不可或缺的食材。核桃是古代亲朋之间馈赠的礼品，如东汉孔融的《与诸卿书》书说：“先曰，多惠胡桃，深知笃意。”唐代以

核桃树

核桃（果期）

后的诗词中出现大量咏核桃的诗句，如宋代杨万里有《谢送胡桃》诗，此与核桃在全国各地栽植有密切关联。

核桃为胡桃科，落叶乔木，高可达20~25米；树皮幼时灰绿色，老时则呈灰白色且纵向浅裂；小枝无毛，具光泽，被盾状着生的腺体，灰绿色，后来带褐色。奇数羽状复叶长25~30厘米，叶柄及叶轴幼时被有极短腺毛及腺体；小叶通常5~9枚，稀3枚，椭圆状卵形至长椭圆形，长约6~15厘米，宽约3~6厘米，顶端钝圆或急尖、短渐尖，基部歪斜、近于圆形，边缘全缘或在幼树上者具稀疏细锯齿，上面深绿色，无毛，下面淡绿色，侧脉11~15对，腋内具簇短柔毛。果实近于球状，直径4~6厘米，无毛；果核稍具皱曲，有2条纵棱，顶端具短尖头；隔膜较薄，内里无空隙；内果皮壁内具不规则的空隙或无空隙而仅具皱曲。花期

5 月，果期 10 月。

核桃树生于海拔 400~1800 米的山坡及丘陵地带，喜肥沃湿润的沙质壤土，常见于山区河谷两旁土层深厚的地方，在我国平原及丘陵地区多栽培。种仁含油量高，可生食，亦可榨油食用；木材坚实，是很好的硬木材料。

核桃与扁桃、腰果、榛子并称为世界著名的“四大干果”。既可以生食、炒食，也可以榨油、配制糕点、糖果等，不仅味美，而且营养价值很高，被誉为“万岁子”“长寿果”。

太行山区有谚语云：“七月核桃八月梨，九月柿子红了皮。”

黄连木

黄连木为漆树科，落叶乔木，高可达20余米。树干扭曲，树皮暗褐色，呈鳞片状剥落，幼枝灰棕色，具细小皮孔，疏被微柔毛或近无毛。羽状复叶互生，有小叶5~6对，对生或近对生，纸质，披针形或卵状披针形或线状披针形，长5~10厘米，宽1.5~2.5厘米，先端渐尖或长渐尖，基部偏斜，全缘，两面沿中脉和侧脉被卷曲微柔毛或近无毛，侧脉和细脉两面突起。花单性异株，先花后叶，圆锥花序腋生，雄花序排列紧密，长6~7厘米，雌花序排列疏松，长15~20厘米，均被微柔毛；花小，花梗长约1毫米，被微柔毛。核果倒卵状球形，略压扁，径约5毫米，成熟时紫红色，干后具纵向细条纹，先端细尖。花期3~4月，果熟期9~11月，铜绿色为实种，红色为空粒种。

黄连木（生境群落）（司建平摄）

黄连木（司建平摄）

黄连木喜光，不耐严寒，在酸性、中性、微碱性土壤中均能生长，多生于海拔 140~3550 米的石山林中。河北、河南、山西、陕西等省资源分布最多，其中，河北省邯郸市的涉县、武安市、磁县是黄连木分布最为集中和资源最多的地方。在河北省邯郸武安市马家庄乡生长着一棵古黄连木。该树高 7.5 米，胸围 4.4 米。

黄连木树干通直，树冠开阔，春秋两季红叶，园林上常用作庭荫树、行道树。黄连木种子油可用于制肥皂、润滑油、照明、治牛皮癣，也可食用，是制取生物柴油的上佳原料，油饼可作饲料和肥料。树皮含单宁提取栲胶，果、叶亦可做黑色染料。木材鲜黄色，可提黄色染料，材质坚硬致密，可供家具和细工用材。幼叶可充蔬菜，并可代茶，邯郸多地称作“木蓼芽”。

暴马丁香

暴马丁香为木犀科，落叶小乔木或大乔木，高 4~10 米，可达 15 米。生于海拔 10~1200 米的山坡灌丛或林边、草地、沟边，或针、阔叶混交林中。分布于邯郸辖域的武安市、涉县、磁县。干皮或枝皮入药，有清肺祛痰、止咳平喘的功效。在河北省邯郸武安市管陶乡生长着一棵古暴马丁香。该树高达 20 米，胸围 3.08 米。暴马丁香木材坚韧细致，耐腐，纹理美观；嫩叶可食用，加工后可代茶饮；花可提炼芳香油，主要作为食品调味香料和医药原料，用于制作肉类制品、巧克力、腌制食品、焙烤制品、饮料等，是一种使用价值较高的天然香料。

暴马丁香（司建平摄）

臭檀吴萸

臭檀吴萸为芸香科，落叶乔木，高可达 20 米。生于平地及山坡向阳地方，耐干旱，砂质壤土中生长迅速。分布于邯郸辖域的武安市、涉县、磁县。果实入药，有温中散寒、行气止痛的功效。在河北省邯郸武安市管陶乡生长着一棵古臭檀吴萸。该树高 15 米，胸围 2.4 米。臭檀吴萸木材坚实，纹理细，有光泽，可制家具及农具；种子含油率近 40%，为油漆工业原料；枝、叶可提芳香油；树皮富含鞣质，可提栲胶；庭植供观赏。

臭檀吴萸（树干）（司建平摄）

臭檀吴萸（司建平摄）

栗

栗为壳斗科，落叶乔木，高达 20 米。生于平地至海拔 2800 米的山地，仅见栽培，栽培历史悠久。分布于邯郸辖域的武安市。种仁入药，有益气健脾、补肾强筋、活血消肿、止血的作用。在河北省邯郸武安市活水乡有千年古栗群落，其中一株树高 15 米，胸围 5.3 米。栗是中国著名干果，富含淀粉、单糖与双糖、胡萝卜素、硫胺素、核黄素、尼克酸、抗坏血酸、蛋白质、脂肪、无机盐类等营养物质，营养丰富；木材坚硬，供建筑用材；树皮、壳斗含鞣质，可制栲胶；树皮、根入药，有消肿解毒功效；叶可作蚕饲料。

栗（司建平摄）

流苏树

流苏树为木犀科，落叶灌木或乔木，高可达 20 米。生于海拔 3000 米以下的稀疏混交林中或灌丛中，或山坡、河边。分布于邯郸辖域的涉县、武安市。果实入药，有活血通络、益脑的功效。流苏树的芽、叶亦有药用价值。在河北省邯郸市涉县偏城镇生长着一棵古流苏树。该树高 15 米，胸围 3.6 米。此种树适宜植于建筑物四周，或公园中池畔和行道旁；可盆栽，制作桩景；花、嫩叶晒干可代茶，北方将其称作“茶叶树”；果实含油丰富，可榨芳香油，供工业用；木材坚重细致，可制器具。

流苏树（花期）（付正良摄）

流苏树

流苏树（胸围）（付正良摄）

流苏树（果期）（付正良摄）

漆树

漆树为漆树科，落叶乔木，高可达20米。生于海拔800~2800米的向阳山坡林内。分布于邯郸辖域的武安市、涉县、磁县。种子入药，有活血止血、温经止痛的作用。在河北省邯郸武安市管陶乡生长着一棵古漆树。该树高20.25米，胸围3.01米，树龄有300余年，年产漆最高为9公斤。漆树树干韧皮部割取生漆，漆液是一种优良的防腐、防锈的天然树脂涂料，有不易氧化、耐酸、耐醇和耐高温的性能，用于涂漆建筑物、家具、电线、广播器材等，素有“涂料之王”的美誉；种子油可制油墨、肥皂；果皮可取蜡，作蜡烛、蜡纸；叶可提栲胶。叶、根可作土农药；木材供建筑用；干漆在中药上有通经、驱虫、镇咳的功效。

漆树（司建平摄）

青檀

青檀为榆科，落叶乔木，高达 20 米或 20 米以上，胸径达 0.7 米或 1 米以上。常生于海拔 100~1500 米的山谷溪边石灰岩山地疏林中。分布于邯郸辖域的磁县、武安市、涉县。带叶茎枝入药，有祛风、止血、止痛的作用。在河北省邯郸市磁县陶泉乡生长着青檀群落。青檀木材坚韧，纹理直，结构细，耐磨损，供家具、工具、车轴、绘图板等细木工用材；茎皮纤维优良，为宣纸原料。为石灰岩山地造林树种。

青檀（生境群落）（宋庆平摄）

青檀（果期）（宋庆平摄）

青檀（树干）（宋庆平摄）

脱皮榆

脱皮榆为榆科，落叶小乔木，高 8~12 米。喜光，稍耐阴。生长在酸性、中性和石灰性土壤的山坡、平原及溪边等处，分布于邯郸辖域的武安市。在河北省邯郸武安市活水乡生长着一棵古脱皮榆。该树高 10 米，胸围 2 米，填补了邯郸市植物分布的空白。脱皮榆木材供建筑、家具、车辆等用。

脱皮榆（贺伟丽摄）

文冠果

文冠果为无患子科，落叶灌木或小乔木，高2~5米。野生于海拔30~1500米的丘陵山坡或沟岸等处，各地也常栽培。分布于邯郸辖域的涉县、磁县、邱县。茎枝入药，有祛风除湿、消肿止痛的作用。种子可食，风味似板栗。种仁含脂肪、蛋白质、淀粉，营养价值很高，是我国北方很有发展前途的木本油料植物。

文冠果（生境）（付正良摄）

文冠果（花期）（贺伟丽摄）

文冠果（果期）（贺伟丽摄）

小叶朴

小叶朴为榆科，落叶乔木，高达 10 米。多生于海拔 150~2300 米的路旁、山坡、灌丛或林边向阳山地及平地。分布于邯郸辖域的涉县、武安市、磁县。茎入药，有祛痰、止咳、平喘的作用。在河北省邯郸市涉县木井乡生长着一棵小叶朴。该树高达 21 米，胸围 2.10 米。当地群众把小叶朴树叫棒棒树，这是一种古老的树种，具有药用价值。在距今 7500 年至 10000 年的磁山文化遗址中发现小叶朴树枝和种子的碳化物，这说明古人已经在使用小叶朴树了。民间一直用小叶朴茎枝治疗哮喘和支气管炎。该树耐干旱、耐水湿，对土壤要求不高，适合太行山辖域推广种植，可用于绿化荒山、美化环境，并对增加药物资源和帮助农民增收有重要意义。

小叶朴（司建平摄）

柘树

柘树为桑科，落叶灌木或小乔木，高 1~7 米。生于海拔 500~2200 米阳光充足的山地或林缘。分布于邯郸辖域的涉县、武安市、成安县、大名县。根入药，有祛风通络、清热除湿、解毒消肿的作用。在河北省邯郸市涉县境内生长着大面积的柘树群落。柘树木材坚韧，供建筑、家具、农具和细木工用；茎皮纤维拉力强，是优质的造纸原料；叶可饲蚕；果可食用和酿酒；木材心部黄色，质坚硬细致，可以做家具用或做黄色染料；可做绿篱、绿化荒山用。

柘树（果期）（司建平摄）

柘树（树干）（司建平摄）

邯郸十大道地药材

叁

该文本仅从药理角度提供参考，其他如具体用药、诊断等方面请遵医嘱。

柴胡

柴胡辛凉解表药，疏肝解郁乐逍遥。
少阳半表半里证，地理标志涉县找。

柴胡为伞形科，多年生草本植物，高 40~85 厘米。主根较粗大，棕褐色，质坚硬；茎单一或数茎，实心，上部多回分枝，微作“之”字形曲折；叶互生，基生叶倒披针形或狭椭圆形，顶端渐尖，基部收缩成柄，早枯落；茎中部叶倒披针形或广线状披针形，长 4~12 厘米，宽 6~18 毫米，顶端渐尖或急尖，有短芒尖头，基部收缩成叶鞘抱茎，脉 7~9，叶表面鲜绿色，背面淡绿色，常有白霜；茎顶部叶同形，但更小。复伞形花序顶生或腋生，花序梗细，常水平伸出，形成疏松的圆锥状；总苞片 2~3，或无，甚小，狭披针形；小总苞片 5，披针形，顶端尖锐，3 脉，向叶背凸出；花柄长 1

柴胡（野生）

柴胡（药材）

毫米；花瓣鲜黄色，上部向内折，中肋隆起，小舌片矩圆形，顶端2浅裂。双悬果椭圆形，棕色，两侧略扁，长约3毫米，宽约2毫米，棱狭翼状，淡棕色。花期7~9月，果期9~10月。

柴胡为地理标志药材（涉县柴胡）。药用部位是其干燥根，主心腹，去肠胃中结气，饮食积聚，寒热邪气，推陈致新。

柴胡始载于《神农本草经》，列上品，时名“茈胡”，又名“地薰”。至北宋嘉祐年间，柴胡才作为正名收录于《本草图经》中。

为什么称作柴胡呢？本品嫩时可食，老则干枯为柴，可烧火煮饭，故名。一说柴胡之名是从“柴禾”音讹而来，一说“胡”是北方或西方少数民族的称谓，在西域，香料是必备品，以“胡”命名柴草，提示其香气馥郁。

柴胡性微寒，味辛、苦。归肝、胆、肺经。有疏散退热、疏肝解郁、升举阳气的功能。用于感冒发热、寒热往来、胸胁胀痛、月经不调、子宫脱垂、脱肛。

柴胡的经典方剂是医圣张仲景的小柴胡汤。此汤由柴胡、黄芩、半夏、生姜、人参、甘草、大枣熬制而成。小柴胡汤是调拨人体生物钟的钥匙，对定时失眠有捷效。该汤是达表和里、升清降浊之活剂，是“中和”思想的完美体现，可用于内、外、妇、儿各科。用于治疗发热性疾病、肝胆脾胃等消化系统疾病、情志精神疾病、妇科及男科疾病等。

《红楼梦》中，曹雪芹借王太医的口，将柴胡的药理作用分析得头头是道，可谓行家里手。

第八十三回“省宫闱贾元妃染恙，闹闺阃薛宝钗吞声”中说黛玉咳血，王太医给黛玉诊过脉后说道：“六脉皆弦，因平日郁结所致。”“这病时常应得头晕，减饮食，多梦，每到五更，必醒个几次。即日间听见不干自己的事，也必要动气，且多疑多惧。不知者疑为性情乖诞，其实因肝阴亏损，心气衰耗，都是这个病在那里作怪。”

王太医吃了茶，因提笔先写道：“六脉弦迟，素由积郁。左寸无力，心气已衰。关脉独洪，肝邪偏旺。木气不能疏达，势必上侵脾土，饮食无味，甚至胜所不胜，肺金定受其殃。气不流精，凝而为痰；血随气涌，自然咳吐。理宜疏肝保肺，涵养心脾。虽有补剂，未可骤施。姑拟黑逍遥以开其先，复用归肺固金以继其后。不揣固陋，俟高明裁服。”又将七味药与引子写了。

贾琏拿来看时，问道：“血势上冲，柴胡使得么？”王太医笑道：“二爷但知柴胡是升提之品，为吐衄所忌。岂知用鳖血拌炒，非柴胡不足宣少阳甲胆之气。以鳖血制之，使其不致升提，且能培养肝阴，制遏邪火。所以《内经》说：‘通因通用，塞因塞用。’柴胡用鳖血拌炒，正是‘假周勃以安刘’的法子。”

黛玉平日肝气郁结，脾胃不健，故用黑逍遥，用鳖制柴胡，养肝阴，疏肝郁，抑制柴胡升提之性，可谓用药精当。

【按语】

柴胡为邯郸辖域内主要地产大宗中药材。明嘉靖三十七年（1558年）《涉县志》和清顺治十六年（1659年）《涉县志》中均有记载，以及历次中药资源普查均有记载，历年均有药材收购。

在艰苦的抗日战争时期，八路军一二九师的卫生工作者利用当地的柴胡资源，研制了“柴胡注射液”，挽救了无数抗日军民的生命，为抗日战争的胜利做出了贡献。1940年，八路军一二九师卫生工作者将柴胡进行蒸馏提取制成注射液，取名“瀑澄利尔”。经临床使用，该注射液治疗

柴胡（栽培生境）

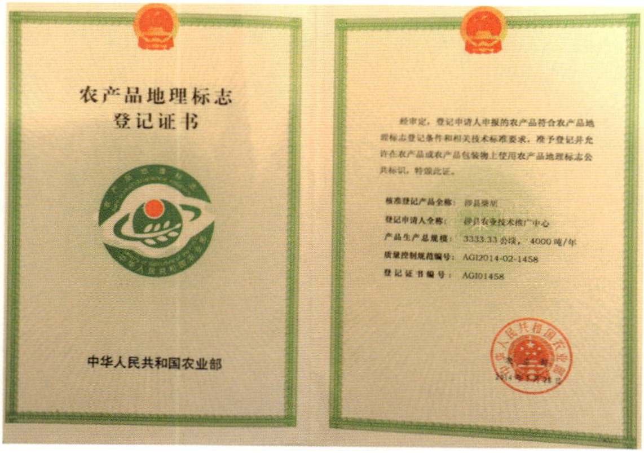

柴胡——涉县柴胡（地理标志证书）

疟疾及一般的发热性疾病效果显著。1941 年 5 月 1 日，“瀑澄利尔”受到晋冀鲁豫边区大会的奖励，后正式命名为“柴胡注射液”。柴胡注射液的研制成功，开创了传统药物现代制剂的先例，填补了世界制药史的空白。1943 年 3 月 17 日，《新华日报》（华北版）刊登了《医学界的新贡献——利华药厂发明注射剂》的报道（指柴胡注射液和苍术油注射液），称之为粉碎封锁线的一大创举！直到今天，涉县的野生柴胡仍是制订《中华人民共和国药典》的标准药材。

邯郸辖域涉县、武安市，以及山西省左权县等太行山流域的野生柴胡就是柴胡的道地产区，以其质地纯正、根粗结实、气香味浓、药效显著等特点位于品质俱优之最。涉县产柴胡于 2014 年获农业部地理标志认证。

连翘

以莲作房翘妖娆，清热解毒第一药。
消肿散结疏风热，打老儿茶是主角。

连翘为木犀科，稍蔓生落叶灌木。枝直立或下垂，棕色、棕褐色或淡黄褐色，小枝土黄色或灰褐色，略呈四棱形，疏生皮孔，节间中空，节部具实心髓。叶对生，通常为单叶，或三裂至三出复叶，叶片卵形、宽卵形或椭圆状卵形至椭圆形，长2~10厘米，宽1.5~5厘米，先端锐尖，基部圆形、宽楔形至楔形，叶缘除基部外具锐锯齿或粗锯齿，上面深绿色，下面淡黄绿色，两面无毛；叶柄长0.8~1.5厘米，无毛。花通常单生或2至数朵着生于叶腋，先于叶开放；花梗长5~6毫米；花萼绿色，裂片长圆形或长圆状椭圆形，边缘具睫毛，与花冠管近等长；花冠黄色，裂片倒卵状长圆形或长圆形。蒴果卵球形、卵状椭圆形或长椭圆形，

连翘（青翘）

连翘（老翘）

长 1.2~2.5 厘米，宽 0.6~1.2 厘米，先端喙状渐尖，表面疏生皮孔；果梗长 0.7~1.5 厘米。花期 3~4 月，果期 7~9 月。

全世界约有 11 种连翘，分布于欧洲至亚洲，有些源自朝鲜和日本，源自欧洲南部的只有一种。其英文名 forsythia 是为了纪念苏格兰的植物学家 William Forsyth。

连翘在中国始载于《神农本草经》，有 6 种。

连翘的药用部位是其干燥果实。秋季，在连翘的果实初熟尚带绿色时采收，除去杂质，蒸熟，晒干，习称“青翘”；果实熟透时采收，晒干，除去杂质，习称“老翘”。

为什么称作连翘呢？本品为蒴果，形似莲房。常自顶部开裂成两瓣齿，略向外翘，以莲作房，翘出众草，故名。李时珍说，连翘状似人心，两片合成，有仁者甚香。其形属火，其气属金。秉容平气味，故外弥肤腠，内遍五中，至解邪热于心。

连翘性微寒，味苦。归肺、心、小肠经。有清热解毒、消肿散结、疏散风热的功能。为少阴心经、厥阴包络气分主药。诸痛痒疮，皆属于心，故为十二经疮家圣药。用于痈疽、瘰疬、乳痈、丹毒、风热感冒、温病初起、温热入营、高热烦渴、神昏发斑、热淋涩痛。

连翘的经典方剂是吴瑭《温病条辨》中的银翘散，主要由连翘、金银花、桔梗、薄荷、牛蒡子、

连翘（果期）

甘草、淡豆豉、荆芥、淡竹叶、芦根十味中药粉碎成细粉而制成。有辛凉透表、清热解毒的功效，为辛凉平剂的代表方剂。

相传岐伯有个孙女叫连翘。一日岐伯和连翘在山上采药，岐伯自品自验一种药物，不幸中毒、口吐白沫、头昏脑胀、双目直视、不省人事，在病情十分严重的情况下，嘴里不停地喊着：连翘、连翘！连翘看爷爷中毒严重有生命危险，泪流满面地抱着爷爷哭喊着："救命！救命！"但无人应答。心急之下，她顺手捋了一把身边的绿叶，在手里揉碎后塞进爷爷的嘴里。稍过片刻，岐伯慢慢苏醒过来，把绿叶咽下肚里两刻之后，岐伯面舌如常。连翘搀扶着爷爷回到家里，进行药物和膳食的调养，岐伯逐渐恢复健康。岐伯经过多次试验发现，此绿叶有较好的清热解毒作用，便把此绿叶记入他的中药名录，取名为连翘，又在他居住的大臣沟里栽种了许多连翘，造福乡邻。

连翘（花期）

迎春花（花期）

【按语】

连翘与迎春花均为落叶灌木，花黄色，先于叶开放。两者的区别是连翘小枝土黄色或灰褐色，节间中空，节部具实心髓，花通常单生或2至数朵着生于叶腋，4个花瓣，果卵球形、卵状椭圆形或长椭圆形。而迎春花小枝绿色，花单生于去年生小枝的叶腋，稀生于小枝顶端，5~6个花瓣，很少结果实。

连翘为邯郸辖域主要地产大宗中药材。历次中药资源普查均有记载，历年均有药材收购。据测定，适时采收、规范加工的连翘药材，连翘苷、连翘酯苷总含量可达1.2%以上。

据《本草纲目》《中药大辞典》《神农本草经》记载，连翘叶可治心肺积热、清热解暑、生津止

连翘（生境群落）

渴、利咽润喉，长期服用令人面容悦好、明目清心、轻身耐老，令人焕发青春活力。在邯郸武安、涉县一带，民间早有将连翘叶制成茶饮用的习惯。武安长寿村一带至今流传着“打老儿茶”的故事：清朝时一商客路过长寿村，见一中年妇女手持木杖追打一白发老者，商客上前制止并问为何虐待老人。众人闻声笑答，被打者是打者老儿子。商客看那妇女满头乌发，面目红润，不明其意。那妇女说自己104岁，其儿83岁，满头白发是因为他从小不喝连翘叶茶，长得比她还老。正当客人疑惑时，那老儿指着山梁上喊道：“我奶奶回来了。”客人更是惊奇，有啥事需要这么大年纪人走动？说话间，那老奶奶走近说：“这是别人替代不了的，我是去看我娘。”故事听起来像一个笑话，可“打老儿茶”的长寿之效通过这个故事让人印象深刻。据说，汉书《淮南枕中记》中记载的故事和上面的类似，说明“打老儿茶”自古便存在。现在的长寿村人，喝的还是这种用连翘叶做的“打老儿茶”。

连翘叶的保健价值日益受到人们重视，现代药理研究表明，连翘叶有保护肝脏、抗油脂氧化、抗衰老、调节免疫功能和增强抗应激能力的作用。将连翘叶制茶为饮，前景广阔。

酸枣仁

太行玛瑙小酸枣，养心安神不得了。
善治惊悸怔忡症，补肝敛汗生津好。

酸枣为鼠李科，落叶灌木，稀为小乔木，高1~3米。老枝灰褐色，幼枝绿色；于分枝基部处具刺一对，一枚针形直立，长达3厘米余，另一枚向下弯曲，长约0.8厘米。单叶互生，叶柄极短，托叶针状；叶片长圆状卵形至卵状披针形，长2~4.5厘米，宽0.8~2厘米。先端钝，基部圆形，稍偏斜，边缘具细锯齿，两面光滑无毛，下面有3条明显的纵脉三出脉。花小，2~3朵簇生于叶腋；花柄极短；花萼5裂，裂片卵状三角形；花瓣5，黄绿色，与萼片互生。核果肉质，近球形或短矩圆形，直径0.7~1.3厘米，成熟时暗红褐色，具薄的中果皮，味酸，核两端钝。花期6~7月，果期8~9月。

酸枣（花期）

酸枣（果期）

酸枣仁

酸枣仁始载于《神农本草经》，生用或制用，药用部位是酸枣的干燥成熟种子。炒酸枣仁：取净酸枣仁，炒至鼓起，色微变深有香气时为度，取出，放凉，不宜久炒，过火失效。用时捣碎。

为什么称作酸枣仁呢？本品为灌木或小乔木，枝节多刺，且果肉味酸，药用其种仁，故名。谜面谓：小时青皮皮，老来红皮皮，果在刺中央，秋来满山岗。你来尝，我来尝，酸得口水往外淌。

酸枣仁性平，味甘、酸。归肝、胆、心经。有养心补肝、宁心安神、敛汗、生津的功能。用于虚烦不眠、惊悸多梦、体虚多汗、津伤口渴。

酸枣仁的经典方剂是医圣张仲景《金匮要略》中的酸枣仁汤。该汤由酸枣仁、知母、茯苓、川芎、甘草熬制而成，有养血安神、清热除烦之功用。

最早关于酸枣树的传说发生在周代。周灵王太子名晋，《列仙传》里写他随道士浮丘公上嵩山修炼，后乘白鹤出现在一座高山上，离去时剑柄的缑绳挂在了山上的酸枣树上，于是那山便被称为缑山，酸枣树也沾上了仙气。后来武则天途经缑山，百姓献酸枣叶茶，还引得她为周太子晋撰写了碑文。“棘”，古指酸枣树，《诗经》《尔雅》称之。因茎上多刺，故生果在刺中央。酸枣“棘心赤，其刺外向”，古时常用以象征臣子对君主的赤诚，故诗文中常有“棘”字出现。周代外朝左右都要种九棘（九棵酸枣），提醒群臣时刻要以棘的象征意义去规范思想行为。

唐永淳年间，相国寺有一僧人癫狂，妄哭妄动，狂呼奔走已半年，百医无效。孙思邈用朱砂一两，酸枣仁、乳香各半两，研末调酒服下，以微醉为度，服毕请卧睡。该僧痊愈。

【按语】

酸枣多野生于荒山丘陵。太行山区土地贫瘠，山上都是石灰岩、片麻岩、灰砂等，正适合当地人叫“圪针”的野生酸枣生长。酸枣仁为邯郸辖域内道地药材主要品种。野生资源分布广泛，药材质量上乘。历次中药资源普查均有记载，应加强资源保护意识，合理开发利用资源。

酸枣树全身都是宝：枣仁是贵重药材，枣面可做清凉饮料，枣壳可做活性炭，枣花是最好的蜜源，枝干木质坚硬、耐磨，是制作农具的好材料。

知母

知母苦寒肺胃肾，上清肺热止嗽灵。
中清胃热除烦渴，下润肾燥退骨蒸。

知母为百合科，多年生草本，根状茎粗 0.5~1.5 厘米，为残存的叶鞘所覆盖。叶基生，长 15~60 厘米，宽 1.5~11 毫米，向先端渐尖而成近丝状，基部渐宽而成鞘状，具多条平行脉，没有明显的中脉。花葶比叶长得多，高 60~90 厘米；总状花序通常较长，可达 20~50 厘米；苞片小，卵形或卵圆形，先端长渐尖；花粉红色、淡紫色至白色；花被片条形，中央具 3 脉，宿存。蒴果狭椭圆形，长 8~13 毫米，宽 5~6 毫米，顶端有短喙。种子长 7~10 毫米。花期 6~7 月，果期 8~9 月。

知母始载于《神农本草经》，药用部位是其干燥根茎。炮制知母时应除去杂质，洗净，润透，以无干心为度，切 2~4 毫米厚片，晒干，去毛屑。或酒炙，或盐水炙。

知母（栽培生境）

知母（花期）

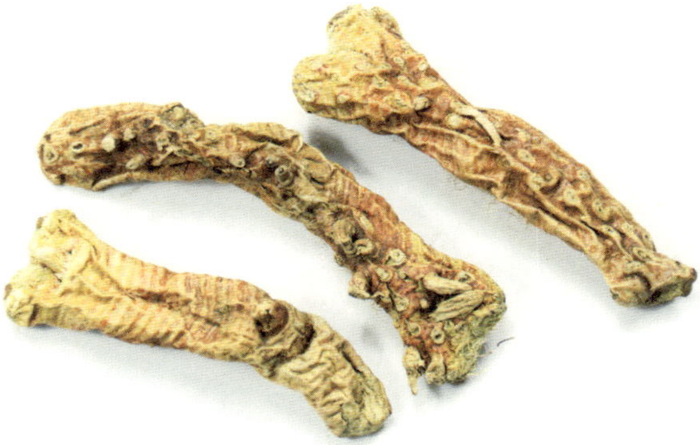

知母（药材）

为什么称作知母呢？本品根茎横走，下部生有多数肉质须根，如蚳虻之状，故名蚳母，为虫母之意，知母之根似母虫哺育幼虫，故以其为名，讹为知母。

知母性寒，味苦、甘。归肺、胃、肾经。有清热泻火、滋阴润燥的功能。用于外感热病、高热烦渴、肺热燥咳、骨蒸潮热、内热消渴、肠燥便秘。

知母的代表方剂如朱丹溪《丹溪心法》中的大补阴丸，主要由盐知母、盐黄柏、熟地黄、醋龟甲、猪脊髓组成。大补阴丸是朱丹溪首制方，能降阴火、补肾水，是滋补肾阴、壮水制火的代表方剂。对于房劳过度，肾阴耗伤，相火亢旺，孤阳妄行之证，可收良效。

知母药名背后蕴含的是孝文化。知医方能治母之疾，知母方能行医之道，这不仅是医者的职责，更是儒家之“孝”赋予每个人的仁德。元代著名戏曲家关汉卿以药名谱成一曲《崔张十六事·开书染病》，正是借知母之名传达对父母的尽孝之心：

寄简帖又无成，相思病今番甚。只为你倚门待月，侧耳听琴，便有那扁鹊来，委实难医恁。止把酸醋当归浸，这方儿到处难寻。要知是知母未寝，红娘心沁，使君子难禁。

【按语】

知母含大量的知母总皂苷。现代药理研究表明，知母具有改善糖尿病、抗抑郁症、改善认知障碍等功效，其主要为皂苷类成分，约占6%。知母总苷具有改善认知障碍、缓解老年痴呆、抗抑郁的作用，还可以治疗糖尿病，并且有抗血小板凝聚的效用，用于心脑血管疾病。

远志

远志入肾治善忘，安神益智“醒心杖”。

交通心肾强记忆，祛痰开窍痈疽良。

远志来源于远志科植物远志和卵叶远志，为多年生草本。

远志主根粗壮，韧皮部肉质，浅黄色。茎多数丛生，直立或倾斜，具纵棱槽，被短柔毛。单叶互生，叶片纸质，线形至线状披针形，长1~3厘米，宽1~3毫米，先端渐尖，基部楔形，全缘，反卷，无毛或极疏被微柔毛，近无柄。总状花序呈扁侧状生于小枝顶端，通常略俯垂；花瓣3，紫色，具流苏状附属物。蒴果扁平，卵圆形或近圆形，顶端微凹，具狭翅；种子卵形，黑色，密被白色柔毛。花果期5~9月。

卵叶远志根直立或斜生。茎丛生，通常直立，被短柔毛。叶互生，叶片纸质至亚革质，披针形

远志——卵叶远志（生境）

远志（药材）

或椭圆状披针形，长 1~2 厘米，宽 3~6 毫米，先端钝，基部楔形，全缘，略反卷，绿色，两面被短柔毛，具短柄。总状花序腋外生或假顶生，通常高出茎顶，被短柔毛，具少数花；花瓣 3，蓝紫色，具流苏状鸡冠状附属物。蒴果扁平，倒心形，径约 5 毫米，顶端微缺，具狭翅及短缘毛。种子长圆形，黑色，密被白色柔毛，具白色种阜。花果期 5~9 月。

远志始载《神农本草经》，列上品，药用部位是其干燥根。主治咳逆伤中、补不足、除邪气、利九窍、益智慧、耳目聪明、不忘、强志、倍力、久服轻身不老。

为什么称作远志呢？本品有增进智慧，加强记忆，鼓舞斗志之功能，故名。明代缪希雍《神农本草经疏》云："远志感天之阳气，得地之芳烈而生，故无毒，亦名阳草。" 故远志有别名"小草"。

远志（生境）

远志性温，味苦、辛。归心、肾、肺经。有安神益智、交通心肾、祛痰、消肿的功能。用于心肾不交引起的失眠多梦、健忘惊悸、神志恍惚、咳痰不爽、疮疡肿毒、乳房肿痛。

远志的代表方剂如《和剂局方》远志丸，主要由远志、牡蛎、茯苓、人参、干姜、肉苁蓉等组成。该丸有补肾养心、定志安神之功效，用于心肾两虚、精神恍惚、健忘多惊、睡卧不宁、遗精淋浊、虚汗盗汗、耳聋耳鸣。

远志与小草

南宋刘义庆的《世说新语》中有这样一个小故事：东晋谢安（320—385）曾有隐居东山、终身不仕的志向，但后来还是担任了桓温（312—373）的司马。有人送给桓温一些草药，其中有一味远志。桓温就问谢安："这药又叫小草，为什么有两个名字呢？"有个叫郝隆的大臣调侃谢安说："这很容易理解。隐于山中时叫远志，出山之后就叫小草。"这实际上是对一些所谓的名士假作隐居而实则求仕的讽刺。在这里，中药的异名得到了巧妙的运用。

龚自珍与远志

鸦片战争前夕，龚自珍曾向清朝统治者提出了一条南北爱国措施：南方，抵制英国的鸦片侵略；北方，移民西北，防止俄国的阴谋不轨。然而，清朝统治者对此却根本不予理睬。怀才不遇，报国无门的龚自珍，极其愤慨，奋笔疾书：

九边烂熟等雕虫，远志真看小草同。
枉说健儿身手在，青灯夜雪阻山东。

汤显祖与远志

明代戏曲家、文学家汤显祖（1550—1616）曾写了《闻姜仲文使君卧阁旬时，怀不能去，漫成六首》，有句云：

因君病肺两流连，梦到茅山采药年。
我自当归君远志，敢言同病一相怜。

姜维与远志

三国时，蜀国亡，蜀将姜维（202—264）之母被抓。姜维为了向母亲表达忠心报国的心迹而又不被敌方发现，便买了两包中药，一包远志，一包当归，托人送给母亲。母亲看到后，深感欣慰："儿有远志，母无他求。"姜维死后，蜀人为其建造了一座姜公祠，祠内有联云："雄关高阁壮英风，捧出丹心，披开大胆；剩水残山余落日，虚怀远志，空寄当归。"

【按语】

远志为邯郸辖域内道地药材之一，历史悠远。历次中药资源普查均有记载，常年有药材收购。野生远志资源丰富，远志、卵叶远志均有分布，品正质优。涉县、邱县等地栽培有大面积的远志。

冬凌草

太行神药冬凌草，清热解毒治食道。
活血止痛抗肿瘤，咽喉肿痛茶饮好。

冬凌草的植物名叫碎米桠，为唇形科，小灌木，高 0.3~1.2 米。根茎木质，有长纤维状须根。茎直立，多数，基部近圆柱形，灰褐色或褐色，无毛，皮层纵向剥落，上部多分枝，分枝具花序，茎上部及分枝均四棱形，具条纹，褐色或带紫红色，密被小疏柔毛，幼枝极密被绒毛，带紫红色。茎叶对生，卵圆形或菱状卵圆形，长 2~6 厘米，宽 1.3~3 厘米，先端锐尖或顶端一齿较长，基部宽楔形，骤然渐狭下延成假翅，边缘具粗圆齿状锯齿，齿尖具胼胝体，膜质至坚纸质，上面榄绿色，疏被小疏柔毛及腺点，有时近无毛，下面淡绿色，

碎米桠（生境群落）

冬凌草（药材）

密被灰白色短绒毛至近无毛。侧脉 3~4 对，两面十分明显，脉纹常带紫红色。聚伞花序 3~7 花，具长 2~5 毫米的总梗，在茎及分枝顶上排列成长 6~15 厘米狭圆锥花序；苞叶菱形或菱状卵圆形至披针形，向上渐变小，先端急尖，基部宽楔形，小苞片钻状线形或线形，被微柔毛。花萼钟形，外密被灰色微柔毛及腺点，明显带紫红色，内面无毛，10 脉，萼齿 5，二唇形，齿均卵圆状三角形，上唇 3 齿，中齿略小，下唇 2 齿稍大而平伸，果时花萼增大，管状钟形，略弯曲，脉纹明显。花冠长约 7 毫米，外疏被微柔毛及腺点，内面无毛，冠筒长 3.5~5 毫米，基部上方浅囊状突起，冠檐二唇形，上唇长 2.5~4 毫米，外反，先端具 4 圆齿，下唇宽卵圆形，长 3.5~7 毫米，内凹。小坚果倒卵状三棱形，长约 1.3 毫米，淡褐色，无毛。花期 7~10 月，果期 8~11 月。

冬凌草始载于《救荒本草》，药用部位是其干燥地上部分。历代本草未见收载，太行山区民

冬凌草（冬季茎上冰凌）

间用全草治疗食管癌。经研究证明，冬凌草煎剂及醇剂对人食管癌细胞株有明显的细胞毒作用，对多数肿瘤均有抑制作用。

为什么称作冬凌草？冬凌草特别之处在于每到霜降后，其茎上结有银白色冰片，薄如蝉翼，故名。当地居民习称“冰凌草”。

冬凌草性微寒，味苦、甘。归肺、胃、肝经。有清热解毒、活血止痛的功能。用于咽喉肿痛、症瘕痞块、蛇虫咬伤。

冬凌草用于临床有：冬凌草片，主要由冬凌草制成。有清热解毒、消肿散结、利咽止痛的功能。

『冬凌草』王（2014年10月6日发现于邯郸鼓山）

用于热毒壅盛所致咽喉肿痛、声音嘶哑；扁桃体炎、咽炎、口腔炎见上述证候者及癌症的辅助治疗。

一种生在太行山中的植物——冬凌草，又名冰凌草、碎米桠，其消炎抗肿、保健、美容作用十分显著，在民间享有盛名，关于其名字的由来，据说是与药王孙思邈有关。

唐代药王孙思邈对太行山情有独钟。上山采药时，他发现有一种银光闪闪的植物，每天有无数喜鹊、百灵鸟、画眉鸟等前往啄其叶片食用，第二天早晨这些鸟在密林里大展歌喉，声音清脆悦耳。有些鸟声音嘶哑，就又去啄食那神奇的植物叶片，次日声音恢复原状，美妙动听。

孙思邈仔细观察了半个多月，领悟到这种植物正是开喉散结的良药。于是领着徒弟上山秘密采集此草，并给前来应诊的喉痹患者煎药服用，其效显著。声音嘶哑者服用此草药后，声音洪亮，喉痛自消。孙思邈给太行山这神奇药草命名为“冰凌草”或“冬凌草”。从此以后，当地的人们就习用这神奇的冬凌草为药，治疗口腔及咽喉肿痛、噎嗝症（食道炎、食道癌）等，疗效十分显著。

【按语】

冬凌草在邯郸西部太行山区自古以来就有使用，山区老百姓使用冬凌草泡茶治疗“噎嗝症”（食管癌）和咽喉肿痛的历史久远。因其清热解毒、清咽利喉、消肿止痛功效明显，产区百姓习惯每年夏秋采收一些冬凌草，晒干后切段，遇有伤风感冒、咽喉肿痛时，便以茶饮，效果佳。

为探讨冀南地区冬凌草最佳采收季节，我们对不同采收期冬凌草的质量进行了考察研究。结果显示，同一产区的冬凌草在不同采收期所含有效成分冬凌草甲素的含量有明显的区别，8、9 月份采收的冬凌草中冬凌草甲素含量为 0.385% 和 0.338%，明显高于其他月份，说明冬凌草的最佳采收期为 8、9 月份。此间采收的冬凌草中不存在干枯枝、茎，且处于植物生长旺期，这是 8、9 月份冬凌草甲素含量高的原因。2015 年版《中华人民共和国药典》中记载，冬凌草药用部位为地上部分，要求冬凌草甲素不得少于0.25%。研究还发现,9月份冬凌草叶中冬凌草甲素的含量为0.551%,明显高于同期冬凌草的干燥地上部分。这项研究既证明了冀南冬凌草无论地上部分还是叶，都是品质优良的药材，又表明了为保证冬凌草的质量与用药效果，药品标准中应增加冬凌草叶限量检查的必要性。

1972年编写的《河北省中草药普查资料》没有域内冬凌草分布的记载。2013年第四次全国中药资源普查时发现，域内除原有文献记载涉县有冬凌草分布外，武安市和磁县也有多区域、较大面积的冬凌草分布，但缺乏开发利用。故应注意保护资源，加强开发利用。

黄精

黄精甘平根入药，补气养阴抗衰老。
五劳七伤药大补，健脾润肺益肾好。

黄精为百合科，多年生草本。根状茎圆柱状，由于结节膨大，因此“节间”一头粗、一头细，在粗的一头有短分枝，直径1~2厘米。茎高50~90厘米，或可达1米以上，有时呈攀缘状。叶轮生，每轮4~6枚，条状披针形，长8~15厘米，宽6~16毫米，先端拳卷或弯曲成钩。花序通常具2~4朵花，似呈伞形状，总花梗长1~2厘米，花梗长4~10毫米，俯垂；苞片位于花梗基部，膜质，钻形或条状披针形，具1脉；花被乳白色至淡黄色，花被筒中部稍缢缩。浆果球形，直径7~10毫米，成熟时黑色，具4~7颗种子。花期5~6月，果期8~9月。

黄精（生境 群落）

黄精入药始载于《名医别录》，列为上品，药用部位是其干燥根茎。黄精是一味药食两用的佳品，亦是一味滋补五脏的妙品，补养五脏而益寿延年。用时洗净、润透、切片、晒干，生用或制用。

酒黄精：取净黄精，加黄酒拌匀（每 100kg 黄精，用黄酒 20kg），炖透或蒸透，稍晾，切厚片，干燥。

为什么称作黄精呢？本品得坤土之气，得土之冲气，具土德之全，获天地之精，味甘如饴，性平质润，而土色为黄，古人誉之为黄土之精粹，故名黄精，又名地精。张华《博物志》载："黄帝问天姥曰：'天地所生，有食之令人不死乎？'天姥曰：'太阳之草曰黄精，饵之可以长生。'"故黄精又称"太阳草"。黄精又叫大玉竹，因形状与生姜相似，还叫小生姜。

黄精性平，味甘。归脾、肺、肾经。有补气养阴、健脾、润肺、益肾的功能。用于脾胃气虚、体倦乏力、胃阴不足、口干食少、肺虚燥咳、劳嗽咳血、精血不足、腰膝酸软、须发早白、内热消渴。

我国著名老中医董建华研制出治疗高血压的黄精四草汤，由黄精、夏枯草、益母草、车前草、豨莶草组成。

无瑕禅师与黄精

安徽九华山与浙江普陀山、山西五台山、四

黄精（药材）

川峨眉山并称为佛教四大圣地。九华山香火鼎盛，并名扬天下是因为这里的百岁宫内保存着一代圣僧无瑕禅师的真身。无瑕禅师，顺天府宛平（今北京）人。明正德年间，他24岁时在山西五台山出家，法名海玉。两年后他开始游历天下名山大川，后在安徽青阳县九华山结庐隐居，刻苦修行。无瑕禅师在九华山隐居了100余年，不带徒弟，不见人，126岁时圆寂。明天启二年（1622年），崇祯皇帝派朝中王尚书来九华山进香，遍查附近山洞，才发现已经坐化3年多的无瑕禅师，其肉身已干枯，身旁有血经81本和1卷身世自传书。同年，崇祯皇帝派人送来御笔“应身菩萨”的匾额，并赐以金粉涂身。无瑕禅师长期隐居深山，缺粮少食，何以能活到126岁呢？原来，他就靠吃黄精、野果、丹参之类而得以生存。古人认为，黄精服其花，胜其实，服其实，胜其根，但花难得。得其生花十斛，干之才可得五六斗，非大有力者不能办。日服三合，服之十年，乃得其益。无瑕禅师见多识广，他除服食黄精根外，大概也服用过黄精的花与实吧。传言，后来无瑕禅师吃了生黄精，可连续10天不进食，并且每隔20天放一次血，先后花费38年时间用血写成了81本《大方广佛华严经》。如今这部血经还陈列在九华山文物展览馆。

婢女食黄精的传说

宋代徐铉《稽神录》中记载了这样一则故事：临川（今江西抚州地区）有仕人，虐待婢女。婢女逃入深山中，饥饿难耐，拔一种草根食之，颇甘美，久食不饥，且觉身体轻捷。一夜宿树下，听见风声疑为虎来，念及上树躲之，竟飘然已在树上，从此夜宿树上，日行山中，常吃此草，亦无所苦。后被樵夫所见，告其主人，使人捕之不得。有人说，此婢女一定服食了灵药，可置肉食于其往来之路，看她吃不吃。婢忽见肉，大吃一顿，吃后即腾空不灵，故被捉住。问她如何充饥，她指明了一种草，拔了数茎，经辨认原来是黄精。

【按语】

黄精传为仙家服食养生佳品，医家不做药用，《神农本草经》也未收载，仙家列为芝草之类。

黄精作用与熟地黄相近，性质平和，适于久服、病后调养之用。前人有“黄精可代参芪，玉竹可代参地”之说。

古今诗赞黄精者多，如唐代杜甫在《丈人山》赞黄精诗句云：“扫除白发黄精在，君看他时冰雪容。”759年安史之乱时，杜甫举家逃至同谷无粮，靠黄精充饥，写诗赞曰：“长镵长镵白木柄，我生托子以为命。黄精无苗山雪盛，短衣数挽不掩胫。”后又在《太平寺泉眼》里写下：“何当宅下流，馀润通药圃。三春湿黄精，一食生毛羽。”

陈长明的《金字经》云：“认叶当如竹，寻根还似姜，传得长生不老方。尝！野仙知味道香。只休孟浪，怕秦钩能断肠。”

唐代张籍的《寄王侍御》云：“爱君紫阁峰前好，新作书堂药灶成。见欲移居相近住，有田多与种黄精。”

韦应物在《饵黄精》一诗中写道：“灵药出西山，服食采其根。九蒸换凡骨，经著上世言。候火起中夜，馨香满南轩。斋居感众灵，药术启妙门。自怀物外心，岂与俗士论。终期脱印绶，永与天壤存。”

荆芥

荆芥药用地上部，微温不烈性平和。
长于祛风清头目，发表散结炭止血。

荆芥为唇形科，一年生草本。茎高 0.3~1 米，四棱形，多分枝，被灰白色疏短柔毛，茎下部的节及小枝基部通常微红色。叶对生，通常为指状三裂，大小不等，先端锐尖，基部楔状渐狭并下延至叶柄，裂片披针形，中间的较大，两侧的较小，全缘，草质，上面暗橄榄绿色，被微柔毛，下面带灰绿色，被短柔毛，脉上及边缘较密，有腺点；叶柄长约 2~10 毫米。花序为多数轮伞花序组成的顶生穗状花序，长 2~13 厘米，通常生于主茎上的较长大而多花，生于侧枝上的较小而疏花；苞片叶状，下部的较大，上部的渐变小，小苞片线形，极小；花萼管状钟形，被灰色疏柔毛，脉 15 条，萼齿 5，三角状披针形或披针形，后齿较大；花冠

荆芥（栽培生境）

荆芥（种子）

青紫色，外被疏柔毛，内面无毛；冠筒向上扩展，冠檐二唇形，上唇先端2浅裂，下唇3裂，中裂片最大，顶端微凹。小坚果长圆状三棱形，褐色，有小点。花期7~9月，果期9~11月。

荆芥始载于《神农本草经》，药用部位是其干燥地上部分。《本草纲目》载："入足厥阴经气分，其功长于祛风邪，散瘀血，破结气，消疮毒。盖厥阴乃风木也，主血而相火寄之。故风病、血病、疮病为要药。"清代汪昂的《医方集解》有"荆芥最散血中之风"之说。

为什么称作荆芥呢？因其茎叶辛香似苏，故原名"假苏"。有解表散风之功，主治卫分证候，有警戒外邪入侵之能，"警戒"音同"荆芥"，故名。

荆芥性微温，味辛。归肺、肝经。有解表散风、透疹、消疮的功能。用于感冒、头痛、麻疹、风疹、疮疡初起。

荆芥（药材）

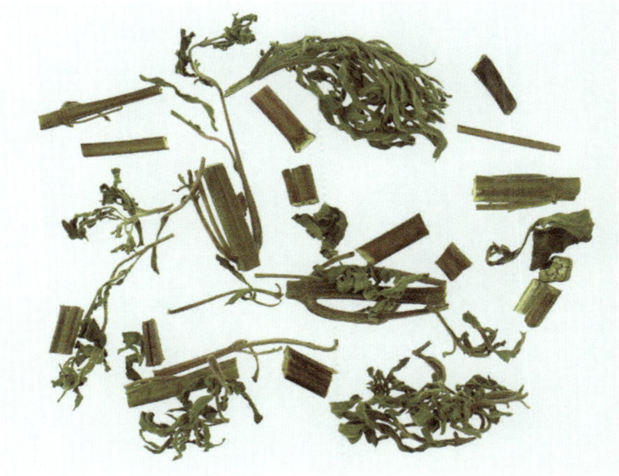

荆芥（饮片）

荆芥的代表方剂有《摄生众妙方》的荆防败毒散，由荆芥、防风、羌活、柴胡、前胡、独活、枳壳、茯苓、桔梗、川芎、甘草组成，有发汗解表、消疮止痛的功效，适用于疮疡初起、红肿热痛、恶寒发热、无汗不渴、舌苔薄白、脉浮数。用于感冒病征初起以及痢疾、疮痈初起而有表寒证者。

荆芥

荆芥（花期）

唐僧抒怀诗一首：

自从益智登山盟，王不留行送出城。
路上相逢三棱子，途中催趱马兜铃。
寻坡转涧求荆芥，迈岭登山拜茯苓。
防己一身如竹沥，茴香何日拜朝廷？

这是吴承恩的《西游记》第三十六回“心猿正处诸缘伏，劈破傍门见月明”中的一首诗，描述的是唐三藏在取经路上产生畏难情绪时的心情。

诗虽不长，却从近 2000 味中药的药名中选择了能表达小说内容的 9 味中药名藏于诗中。即：益智、王不留行、三棱子、马兜铃、荆芥、茯苓、防己、竹沥、茴香。

其中“益智”指的是受唐王之命赴大西天，即天竺的大雷音寺取“大乘经”的矢志不渝的信念；“王不留行”指的是唐太宗排驾亲自为御弟三藏饯行，并与众官送出长安关外；“三棱子”指的是孙悟空、猪八戒、沙和尚这三个徒弟；“马兜铃” 正是唐三藏师徒与小白龙马一起“乘危远迈杖策孤征”，匆匆赶路的情景。

虽然这些中药的功能与诗想表达的内容无关，但作者能将这些药名写入诗中，与文中内容浑然一体，恰当地描述了小说的故事情节，表达了唐三藏的心情，的确很有趣味。

清朝诗人翁志琦的诗《田氏紫荆里》云：

田氏遗墟没草莱，春风犹见紫荆开。
愿携当日连枝种，分与人间处处栽。

【按语】

邯郸辖域内的涉县、武安市和磁县等地野生荆芥分布区域广泛，气香味浓，品质优良。20世纪80年代初，涉县产野生荆芥被北京同仁堂确定为荆芥定点采购地。据测定，涉县荆芥栽培品挥发油含量为2.38％（ml/g），胡薄荷酮含量为1.405％。应加强种质资源保护，进一步开发利用。

射干

射干风翼归肺经，咽喉肿痛常用品。
开通泄降痈疮散，逐瘀通经气血平。

射干为鸢尾科，多年生草本。植株高 0.5~1.5 米。根状茎匐生，鲜黄色，略呈不规则的结节状，须根多数，黄褐色。叶 2 列，互生，嵌迭状排列，剑形，扁平，长 20~60 厘米，宽 2~4 厘米，顶端渐尖，基部鞘状抱茎，具多数平行脉，无中脉。花序顶生，二歧分枝，成伞房状聚伞花序，每分枝的顶端聚生有数朵花；花梗细，长约 1.5 厘米；花梗及花序的分枝处均包有膜质的苞片，苞片披针形或卵圆形；花橙红色，散生紫褐色的斑点；花被裂片 6，2 轮排列，外轮花被裂片倒卵形或长椭圆形，顶端钝圆或微凹，基部楔形，内轮较外轮花被裂片略短而狭。蒴果倒卵形或长椭圆形，

射干（药材）

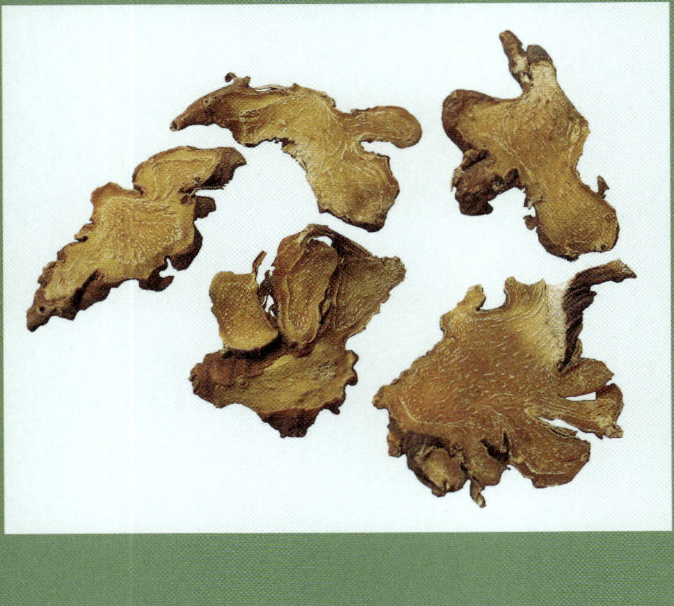

射干（饮片）

射干（花）

长 1.5~3 厘米，直径 1.5~2.5 厘米，顶端无喙，常残存有凋萎的花被，成熟时室背开裂，果瓣外翻，中央有直立的果轴；种子圆球形，黑紫色，有光泽，直径约 5 毫米，着生在果轴上。花期 6~8 月，果期 7~9 月。

射干，别名“乌扇”，始载于《神农本草经》，列下品，药用部位是其干燥根茎。因叶似蛮姜而狭长，花色艳丽，又名“凤翼”。

为什么称作射干呢？因其茎直而长，宽剑形，古人形容“茎梗疏长，如射人长竿”，故名射干。

射干性寒，味苦。归肺经。有清热解毒、消痰、利咽的功能。用于热毒痰火郁结、咽喉肿痛、痰涎壅盛、咳嗽气喘。

射干的代表方剂有医圣张仲景《金匮要略》中的射干麻黄汤。该汤由射干、麻黄、细辛、紫菀、款冬花、半夏、五味子、大枣、生姜熬制而成，有温肺祛痰的功效。用于呼吸困难、喉中哮声阵阵、痰白黏或稀薄多沫、不能躺卧、面色青白或晦暗、

射干（栽培生境）

口不渴或渴喜热饮，或伴发热畏寒、无汗头痛、咳嗽喉痒、鼻流清涕、舌淡、苔白、脉浮紧。

从前，有个樵夫住在衡山脚下，以砍柴为生，樵夫有个双目失明的老母亲，生活过得很是艰难。

这年夏天，樵夫感冒了，咽喉疼痛，全身无力，已经有几天没有上山砍柴，家里也没有米下锅。樵夫是远近闻名的大孝子，他从邻居家里借来一碗米煮粥给母亲吃，自己却不舍得吃一口，拖着虚弱的身体，挣扎着上了山去砍柴。

衡山山谷中有口清澈的山泉，泉边住着一位美丽善良的蝴蝶仙子。仙子天天都给泉边的花草浇水授粉，因此泉边的花草都比其他地方的要漂亮茂盛很多。这天，樵夫砍柴到了泉边，由于身体虚弱，加之没有吃饭，便晕倒在了泉边。等他醒来时，发现自己躺在万花丛中，旁边有很多非常漂亮像蝴蝶的花朵。由于饥饿难忍，樵夫就忍不住吃了一棵，虽然味道苦涩，但吃过后有股甜甜的感觉，嗓子有种清凉感。没过多久，樵夫的嗓子好了很多，精神也比之前要好。于是，他又吃了一棵，之后他的嗓子和感冒就完全好了。这时仙子来到他的身边，告诉他这种花叫作射干，能治疗咽喉疼痛。

樵夫感谢仙子治好了他的病，由于担心家中的老母亲，在道谢后便急着回去。仙子被他的孝心所动，便送给他很多的种子，并告诉他怎么种植这些花草和这些花草的功效。

樵夫回去后按照仙子教的方法种出了很多草药，他不仅将种子和草药送给乡亲们，还毫不保留地教会了乡亲们怎么种植这些草药。从此，樵夫和乡亲们靠这些草药，过上了衣食无忧的生活。

【按语】

在古人眼中，射干是孤立不群、桀骜不驯的。荀子《劝学》中有“西方有木焉，名曰射干，茎长四寸，生于高山之上，而临百仞之渊，木茎非能长也，所立者然也”的记载。阮籍的《咏怀诗》：“幽兰不可佩，朱草为谁荣。修竹隐山阴，射干临增城。”宋玉的《高唐赋》：“青荃射干，揭车苞并。”

全蝎

全蝎有毒味甘辛，平肝息风足厥阴。
以毒攻毒散肿毒，风湿顽痹活络筋。

全蝎为钳蝎科动物东亚钳蝎，体长约6厘米，躯干（头胸部和前腹部）为绿褐色，尾（后腹部）为土黄色。头胸部背甲梯形。侧眼3对。胸板三角形，螯肢的钳状上肢有2齿。触肢钳状，上下肢内侧有12行颗粒斜列。第3、第4对步足胫节有距，各步足跗节末端有2爪和1距。前腹部的前背板上有5条隆脊线。生殖厣由2个半圆形甲片组成。栉状器有16~25枚齿。后腹部的前4节各有10条隆脊线，第5节仅有5条，第6节的毒针下方无距。

全蝎早在《诗经》中即有记载，称之为虿（chài）。作为药用始载于《蜀本草》，药用部

东亚钳蝎（养殖）

全蝎（药材）

位是其干燥体。全蝎是一味止痛良药，可用于各种顽固性疼痛。

春末至秋初捕捉，除去泥沙，置沸水或沸盐水中，煮至全身僵硬，捞出，置通风处，阴干。

为什么称作全蝎呢？因其有毒，毒多在尾，药用带尾全虫，故名。

全蝎性平，味辛；有毒。归肝经。有息风镇痉、通络止痛、攻毒散结的功能。用于肝风内动、痉挛抽搐、小儿惊风、中风口㖞、半身不遂、破伤风、风湿顽痹、偏正头痛、疮疡、瘰疬。

全蝎的代表方剂有《中华人民共和国药典》中记载的小儿惊风散，由全蝎、炒僵蚕、雄黄、朱砂、甘草组成。有镇惊熄风的功能。用于小儿惊风、抽搐神昏。朱良春的钩蝎散治顽固性偏头痛方：由全蝎、钩藤、地龙等组成。蒲辅周治偏正头风不可忍验方：由全蝎、地龙、五倍子等组成。

唐代段成式《酉阳杂俎》云：“江南旧无蝎，开元初，尝有一主簿，竹筒盛过江，至今江南往往亦有，俗呼为主簿虫。”

清代钱泳《履园丛话》载，雍正初，有一任

同知官见皇帝，不知帽子里有一只蝎子。蝎子蜇头，同知官在皇帝面前不敢脱帽，痛得泪涕满面。世宗见了问其故，他假托说："臣感念圣祖仁皇帝六十一年深仁厚德，臣家两世受恩，遂不自知涕泪之横集也。"后帝记其名，让他做了知府，后人叫他蝎子太守，以示戏言。

【按语】

全蝎常用来治疗风湿痹痛，如治疗慢性关节炎，可与川乌、穿山甲、乳香等同用，方如全蝎乳香散。对于顽固性偏正头痛，单用研末服，或与蜈蚣、僵蚕、白附子、川芎等配伍，发挥搜风通络止痛之效。缠腰火丹（即带状疱疹）之疼痛症状较著，用全蝎粉止痛效果明显。综合古今名医用药经验，一般认为，用于止痛蝎尾较全蝎功力更胜，粉剂内服又较入煎剂为佳，但应用时宜从小剂量开始。

太行瑰宝

太行赋

太行，北起燕京，南抵黄河，东朝大海，西依高原，乃中华之阶梯。北望层峦叠嶂，南瞻大河如带，西瞩雄关漫道，东眺云海苍茫。高山峻川，磅礴雄峙，人文底蕴，气象万千。

太行，滋润华北，哺育一方。自盘古开天地，日月有星辰，便是父亲的脊梁；从女娲补苍天，抟土造人间，更是母亲的怀抱。八千年太行孕育粟黍，彰显磁山文化，农耕种植，定居生息，畜禽饲养，渔猎采集，粮食储藏，加工石器，编织纺织，烧制陶具，春播冬藏，一派生机，人类文明，从此走来。

太行，植物王国，天然药谷，花有太行花，木有领春木，为邯郸太行特有，华北仅存，乃中

邯郸太行第一峰——武安青崖寨（1898.7米）

华版图纬度最高太行花木。动物三百种，植物过千类。禾本科、菊科、豆科、蔷薇科，名列前茅。太行小米，宁心安神；太行核桃，补肾益脑；太行酸枣，犹如珍珠玛瑙；冬凌草，堪称太行神草；柴胡之根，创新之源，柴胡注射液，肇始涉县；银花连翘，漫山遍野；上党人参，紫气团罩；知母远志，首屈一指；黄精荆芥、射干全蝎……

太行，百草千泉，药香入味；山高天蓝，千岭坦然。青赤黄白黑，五色土俱全！暖暖远人村，依依墟里烟！嗟乎，太行本草，道地中药，种类繁多，质优可靠，自然禀赋，中华瑰宝！

太行花

赞太行花

太行天下脊
育女太行花
冰肌玉骨占精华
绝地高开悬崖

太行花，婀娜多姿，叶绿花白，仅生存于华北地区。经中国科学院植物研究所、北京林业大学、河北师范大学等有关专家鉴定，其物种的独有性和生境的特殊性具有非凡意义。太行花，蔷薇科太行花属。在《国家重点保护野生植物名录（第二批）》中，被列为国家二级保护植物。世界范围内仅分布于我国太行山东南部的中山地段，生于海拔600~1800米悬崖峭壁的缝隙中。文献报道仅见于河北省武安市境内，1980年由中国科学院

缘毛太行花在冰雪中现蕾

植物研究所研究员俞德浚和中国科学院成都生物研究所研究员李朝銮在武安市境内发现的太行花是其生态型变种——缘毛太行花，标本现藏于中国科学院植物标本馆。据俞德浚、李朝銮 1980 年的《植物分类学报》记载，目前仅残存于太行山区南部河北省武安的两个相距离 10~15 公里的地点，呈疏散孤立分布，所占面积狭小，植株稀少。此后，很多学者多次寻找均无结果。

2008 年 5 月 13 日，武安市原林业局副局长武德昌带领有关人员，在武安西部山区管陶乡杜家村闯背渠找到了缘毛太行花。据专门研究濒危植物的中国科学院植物研究所研究员沈世华介绍，武安一带是缘毛太行花世界上唯一的天然分布区。此物种在植物起源进化上具有十分重要的意义，是植物从木本到草本进化的一个连接点。另外，其干叶片中富含黄酮，是一种很宝贵的药用植物。缘毛太行花为耐阴植物，根系发达，喜于阴坡稀

缘毛太行花（花期）

缘毛太行花（果期）

疏落叶栎林下的中性生境。最适宜生长在沟谷上部的悬崖峭壁缝隙中，或者生于峭壁下林内的岩石裸露和土层瘠薄处。种群特征明显，大多呈单株、簇状、丛状、长条状分布，几乎布满悬崖峭壁的缝隙和碎石间的缝隙。

2013 年 5 月，第四次全国中药资源普查，河北省中药资源普查第 15、16 普查组在涉县也找到了缘毛太行花。

缘毛太行花生长在悬崖峭壁上，生境特殊，关于它的生长和繁殖特性、生态条件及其潜在价值都是值得研究的课题。

太行花，花大，白色，开花早，花期长，远远望去犹似洁白的梨花，极为雅致，是太行山的精灵。

领春木

赞领春木

太行天下秀
生儿领春木
玉树临风真君子
极目云卷云舒

领春木，学界认为在华北绝迹，1979 年经中国科学院林木资源考察队员在武安西部的深山上发现，现为国家级保护植物，为中国纬度最高的领春木。

领春木为领春木科领春木属植物，落叶灌木或乔木，为典型的东亚植物区系成分的特征种，第三纪孑遗植物和稀有珍贵的古老树种，对河北植物区系及河北地质、气候的研究具有重要价值。

领春木（生境）（武德昌摄）

领春木树体通直，树姿优美，花朵成簇，红艳夺目，为优良的观赏树木。同时，领春木还具有药用价值，其叶花可入药，具有清热、泻火、消痛、接骨的功效。

领春木别名“云叶树”“正心木”“木桃”。生于海拔900~3600米的阴坡疏林或山谷沟边等的阴湿处。树皮紫黑色或棕灰色；小枝无毛，紫黑色或灰色。叶互生，纸质，卵形或近圆形，少数椭圆卵形或椭圆披针形，长5~14厘米，宽3~9厘米，先端渐尖，有1突生尾尖，基部楔形或宽楔形，边缘疏生顶端加厚的锯齿，下部或近基部全缘，上面无毛或散生柔毛后脱落，下面无毛或脉上有伏毛，脉腋具丛毛，侧脉6~11对；叶柄长1~5厘米。花两性，早春先叶开放，6~12朵簇生；苞片椭圆形，早落，无花被。翅果长5~10毫米，宽3~5毫米，棕色，果梗长8~10毫米；种子1~3个，卵形，长1.5~2.5毫米，黑色。花期4~5月，果期7~8月。

领春木是在《中国珍稀濒危保护植物名录》（第一册）中被列为稀有物种，国家三级重点保护植物。

近年来，因森林大量砍伐，自然植被严重破坏，生境恶化，领春木的分布范围正日益缩小，植株数量已急剧减少。世界许多地方已灭绝，在中国种群数量也很少，已处于濒危的境地。

2014年6月，第四次全国中药资源普查时，

领春木（果期）

领春木（花期）

领春木（枝叶）

在武安西部山区发现了领春木野生群落。该发现打破了“武安仅有4棵领春木幸存”的历史文献记载。在邯郸这个纬度发现领春木，实属不易，实属神奇，应该珍惜和保护！

中医药学是中国古代科学的瑰宝，也是打开中华文明宝库的钥匙。——习近平

邯郸，产生了1500多条成语，可见文化之厚重。

邯郸，历经了3000多年，名称始终未改变，可见地名之独特。

“邯郸”名字从哪里来的呢？笔者试图从中医的角度解析一下。中医核心理论离不开“阴阳”，阴阳来自太阳、月亮，乃天地之大法。《黄帝内经》有“阴阳应象大论”。“邯郸”取名与阴阳有关联吗？有，笔者分析与“水火日月”有关。先说“邯”，“邯”最早谓“甘”；再说“郸”，“郸”最早谓“丹”。殷墟卜辞中有“甘”（地方名），这是“邯郸”最早的名字。赵国货币“尖足布”上有“甘丹”两字，在侯马盟书里，出现过“甘丹”的合文。1957年河北省文物工作队在邯郸市西百家村发掘的战国墓三号墓中，曾出土一件铜戈，上有铭文“甘丹上”。也就是说，“邯郸”最早由夏商时期的“甘”“丹”二字而来。

一、先来说“甘”

“甘”是什么意思呢？猜想，与水有关：

其一，黄河。造就了华北大平原的黄河是孕育中华文明的母亲，黄河在古代从河南直北到河

北经天津入海。随着黄河的向南滚动，造就出华北大平原。邯郸地处古黄河下游地带，可以说古黄河、漳河、滏阳河、洺河、沁河是邯郸古代文明的发祥地。

其二，邢（井）。有3500年建城史的邢台，是华北地区最古老的城市，位于邯郸正北50公里，是商代第四次迁移的国都。

邢，这个最古老的地名，在甲骨文中就有记载，当时被称作“井”。

公元前17世纪，西方姜姓井族顺河水东移，迁徙到冀南的时候，以族名命地为“井”。井地（邢地）土肥水丰，百泉竞流，故称“井方”。井人凿井筑邑，后世合“井”“邑”二字为一字，就成为“邢”字的起源。

其三，先有涧沟村，后有邯郸城。邯郸老百姓口传：“先有涧沟村，后有邯郸城。”

涧沟遗址2013年5月被列为全国重点文物保护单位，是研究中原龙山文化的重要遗址。该遗址位于邯郸市复兴区户村镇涧沟村正北，面积约12万平方米，呈半椭圆形。1990年版中国史学巨著《中国通史》对涧沟遗址的发现予以极高评价。

涧沟遗址最大的发现是发现了中国最早的两口水井，井口的直径约为2米，井深7米，堪称“华夏第一井”。它说明了古迹中关于“黄帝穿井”“尧民凿井而饮”“瞽叟使舜穿井”等记载是有一定依据的。

据此，“甘”与“井”的联系应是非常关联的。“甘”的形状也就如同井，也可以说“甘”的最初含义，应该是水井，甜水。

在生活层面，水是人类赖以生存的不可或缺的重要物质之一。“乡井”二字往往代表村落。在城市中则有“市井”，东汉应劭《风俗通义》说，所谓市井，是指挑到市里出售的蔬果等须先在市场的井旁洗净，然后出售。

二、再来说“丹”

“丹”是什么意思呢？猜想一，与火有关：

“丹”字的本义是“丹砂”，因为是红颜色的，所以“丹”的意思是“红”；“丹”也指道家炼制的长生不老药。

猜想二，与日月有关：

古人观象天体日月，太阳在不同的季节，运动不单纯是由东到西，同时还是由南到北，冬季尤为明显。《汉乐府集》中的《陌上桑》“日出东南隅，照我秦氏楼。秦氏有好女，自名为罗敷”，即说日出东南，我们才理解，古人为何把南方称作“丹穴”“太阳之地”，是太阳的老家。

中国人讲“天时、地利、人和”，把天时摆在第一位。《史记·天官书》：“天则有日月，地则有阴阳，天有五星，地有五行。”日月形成了阴阳二元论，五行形成了宇宙观。地球上万事万物的发展变化，都与天地的运行密不可分，天地的运转变化，是由日、月的运行造成的。而阴阳五行就贯穿于日月周行、四时变化之中。老祖宗最原始也是最简便的观象法，是观象日之出没及月之运行。

日、月二字的天形、神韵及内涵，是中华民族的文明创造，《说文解字·序》：“象形者，画成其物，随体诘诎，日月是也。”从甲骨文来看，殷商浓厚的宗教信仰，体现在敬天和法祖，自然崇拜日月星辰。《卜辞》有很多关于“出日”“入日”的记录。《尚书·尧典》说：“乃命羲和，钦若昊天，历象日月星辰，敬授人时。”羲和在古代神话传说中是一个女性的日月之神，或以为即传说中的女娲。传说中的人类始祖女娲，即是在邯郸古中皇山抟土造人，炼石补天。

把日月意会为地方，如《明堂月令》讲周公时的明堂，明堂之“堂”乃后来的宗庙，明堂之“明”乃宗庙前的空地，以可见的日月（明）体现人与运转中的天地互动。

综上，“丹”字，是日月相合。

三、再看“易”与“明”

《易经》之易，是上日下月，日、月合为易，上从日象阳，下从月象阴。《易经》的中心思想是“一阴一阳之谓道”，喻阴阳变化之理，最基本的东西是“阴”“阳”两个符号，阴阳构成太极图，太极图是宇宙间万事万物动态节律变化的基本图式。《说文解字》讲易是日月之纵；儒家讲明德，明字是左日右月，是横。

实质上都是阴阳，日阳月阴。

“明”是明阴阳。

“易”是讲阴阳。

“丹”是炼阴阳。

四、再看“阴阳”与“邯郸”

阴和阳，邑（阝）在左；邯和郸，邑（阝）在右。去掉邑（阝），剩下月、日、甘、丹，是否很像、很接近？是否很象形、很会意？

1965年山西省侯马市出土的侯马盟书，是春秋晚期赵简子与各卿大夫之间举行盟誓的约信文书，邯郸的写法是“邯那”。

“邯郸”二字，最早出现在《史记·殷本纪·正义》引战国中期魏国史官所著史书《竹书纪年》：“自盘庚徙殷至纣之灭二百五十三年，更不徙都。

纣时稍大其邑，南距朝歌，北据邯郸及沙丘，皆为离宫别馆”。盘庚迁都殷后，邯郸是殷王都的“畿内地”。

出土的春秋战国时期的其他文物也显示，春秋战国时期邯郸或写作“邯那”，或写作“邯单”。至于“丹”演变为“单”，可能与避讳有关。公元前265年继位的赵孝成王名丹，为避赵王之讳而改“丹”为“单”。

“邯郸”演变轨迹大约为：甘丹——邯那——邯单——邯郸。

邯郸文化，成语太极，成语乃文化之根，太极乃中医之理。

邯郸中医，源远流长，鸡泽毛苌注释《诗经》，载药最早；神医扁鹊，得名邯郸；虎守杏林，源自邱县；馆陶铁佛，彭祖彭艾；肥乡窦默，元代针家；武安药商，祁州立帮；药王文化，邯郸名片……中医文化，灿若星汉。

2013年，第四次全国中药资源普查中，河北省中药资源普查第15、16普查组落户邯郸，由笔者担纲，孔增科、付正良分任第15、16普查组组长，组织了近百人的普查队伍，历时6年。踏遍太行人未老，中医药风景这边独好。赵韵中医，撷采其英，古树名木，乃邯郸“活化石”，历经沧桑，生长独特；太行瑰宝，标志为邯郸特有的太行花、领春木，犹如太行儿女，亭亭玉立，傲立太行。

本书中的“邯郸十大道地药材”来源于2016年由周海平、孔增科、付正良主编的《邯郸道地药材》。本册成书过程中，承蒙邯郸晚报李晓玲主任帮助，文化作引，共商中医；普查组长付正良及普查组成员武德昌、司建平手持相机，痴迷中药；普查组成员贺伟丽制作标本，整理编辑，热爱中医。正是有这样一支队伍，才成就这本富含中医药香的植物本草。更感谢丁伟部长立意创新，厚爱中医，提议编著。

向一切支持中医，研究中医，弘扬中医药文化的人们致敬！

周海平（主任中医师）

2019 年 12 月 1 日

主　编

丁　伟

副主编

潘　璐　陈邢魁

编　委

李志刚　李亚萍　田　锋

范志国　刘秀君　李晓玲

本书部分图片作者的情况（姓名、通讯地址等）不详，请有关作者与本书的责任编辑联系，以便奉上稿酬与样书。

联系地址：河北教育出版社学术读物编辑室

（石家庄市联盟路705号）

邮政编码：050061

联系电话：0311-88643532